XIANSHI PUTAO
鲜食葡萄
标准化建设与实务
BIAOZHUNHUA JIANSHE YU SHIWU

镇江市市场监督管理局　编
句容市市场监督管理局

江苏大学出版社
JIANGSU UNIVERSITY PRESS
镇 江

图书在版编目（CIP）数据

鲜食葡萄标准化建设与实务/镇江市市场监督管理局，句容市市场监督管理局编. —镇江：江苏大学出版社，2020.2

ISBN 978-7-5684-1282-7

Ⅰ. ①鲜… Ⅱ. ①镇… ②句… Ⅲ. ①葡萄栽培—标准化 Ⅳ. ①S663.1-65

中国版本图书馆 CIP 数据核字（2019）第 286186 号

鲜食葡萄标准化建设与实务

Xianshi Putao Biaozhunhua Jianshe yu Shiwu

编　　者/镇江市市场监督管理局　句容市市场监督管理局
责任编辑/柳　艳
出版发行/江苏大学出版社
地　　址/江苏省镇江市梦溪园巷 30 号（邮编：212003）
电　　话/0511-84446464（传真）
网　　址/http：//press.ujs.edu.cn
排　　版/镇江文苑制版印刷有限责任公司
印　　刷/句容市排印厂
开　　本/710 mm×1 000 mm　1/16
印　　张/14.75
字　　数/260 千字
版　　次/2020 年 2 月第 1 版　2020 年 2 月第 1 次印刷
书　　号/ISBN 978-7-5684-1282-7
定　　价/56.00 元

如有印装质量问题请与本社营销部联系（电话：0511-84440882）

编 委 会

序

　　葡萄是世界上五大果树之一，其栽培面积和产量仅次于柑橘，居世界第二位。由于葡萄适应性强，容易栽培，营养价值高，经济效益显著，因此在全世界得到广泛推广。改革开放以来，我国的葡萄产业始终保持着强劲的发展势头，依靠科技发展，葡萄种植面积、葡萄产量都有了较大增长，据不完全统计，到 2017 年底，我国葡萄种植面积比 2000 年增长了 174%，达 77.6 万 hm^2，产量增长了 299%，达到 1308 万 t，已成为我国经济效益最好的果树之一。

　　标准是人类文明进步的成果，是实践的产物，是技术和管理经验的结晶。习近平总书记多次对标准化工作做出重要论述，只有高标准，才有高质量，强调"以高标准助力高技术创新，引领高质量发展"。实施农业标准化，保障农产品质量，提高农业经济效益，是实施乡村振兴战略的重要措施。当前，葡萄是句容市的重要特色应时鲜果，在带动农民致富、优化农村环境、促进乡村旅游等方面，正发挥着积极的作用。人民对美好生活的向往就是我们奋斗的目标，进一步保障葡萄产品质量安全，提高葡萄栽培标准化水平，保护优秀葡萄品牌，促进葡萄产业的高质量发展，是全体从事葡萄产业和标准化工作人员的追求。

　　当前，葡萄生产已经进入科技时代、品质时代、品牌时代，规模化种植、标准化栽培、信息化销售已经逐渐成为葡萄产业的发展趋势。为进一步提升从事标准化工作人员的能力和水平，指导镇江市从事葡萄生产的合作社、科技人员开展标准化生产，镇江市市场监督管理局、句容市市场监督管理局联合江苏丘陵地区镇江农业科学研究所、茅山镇人民政府等单位，成立编写小组，组织精干力量，认真谋划、积极调研、明确选题、数次研讨、几易书稿，完成了本书的编写工作。全书共分为五章：第一章是葡萄产业发展简介，简明扼要地介绍了葡萄种植历史和世界上葡萄主要产地的现状；第二章主要介绍了鲜食葡萄标准化的基础知识和基本情况；第三章介绍了句容市葡萄标准体系的建设依据原则和主要内容；第四章主要针对常见的葡萄品种，着重介绍了葡萄建园、新梢及花果管理、果实采收、整形修剪等环节的标准化生产技术；第五章以丁庄葡萄为例，介绍了葡萄标准化示范区的具体做法和实践经验。全书既有葡萄的基础理论知识，又有实践工作指南，是一本实用性很强的科普工具书，为从事标准化工作的人员和葡萄生产者开展标准化工作，提供了非常明确的指导。

本书在编写过程中参考了国内有关资料和图书，还得到江苏省市场监管局标准化管理处、江苏省质量和标准化研究院、江苏省农业技术推广总站的领导、专家的悉心指导和大力支持，谨此一并致谢！由于编者时间仓促、水平有限，书中定有疏漏和不当之处，敬请读者批评指正。

编　者

2019 年 11 月

目　录

第一章　葡萄产业发展简介

第一节　葡萄栽培的历史概况

葡萄，学名：*Vitis vinifera L*，是世界最古老的果树树种之一，其既可鲜食，也可酿酒、酿醋、制酱、制汁和制干，富含丰富的营养物质，在世界水果贸易中占有重要位置。

现代考古发现，第三纪地层中存在葡萄的植物化石，说明当时葡萄已遍布于欧亚及格陵兰等地区。植物学界一般认为，葡萄起源于里海和黑海沿岸的中亚、高加索、小亚细亚和叙利亚一带。《圣经》中记载，在洪水肆虐 150 天后，挪亚方舟来到了亚拉腊山——现土耳其境内、亚美尼亚共和国与伊朗交界的边境地区。此后，挪亚开始耕作土地，他种下的第一株植物就是葡萄。后来，古植物学家经过考察发现，在外高加索、格鲁吉亚、亚美尼亚等地区有人类种植过的葡萄种子化石，证实了葡萄就是在亚拉腊山起源的。

目前，世界各地的葡萄约 95% 集中分布在北半球，主要葡萄产地在欧洲，法国、意大利和西班牙的葡萄栽培面积和产量分别居前三位，但均以酿酒葡萄为主。就鲜食葡萄而言，中国、印度和土耳其的产量分别居世界前三位。据统计，2016 年底，全球葡萄种植面积达 751.6 万 hm^2，产量达 7580 万 t，面积同比增长 0.01%，产量同比下降 1.94%，与 2012 年相比分别上浮 0.71% 和 9.06%。2016 年世界葡萄种植面积与产量依然趋向于优势生产国，其中西班牙、中国、法国、意大利、土耳其五个国家的葡萄种植总面积的全球贡献率达

50%左右，中国、意大利、美国、法国、西班牙五国葡萄总产量贡献率达55.3%。图1-1为世界葡萄主产国的年产量和种植面积。

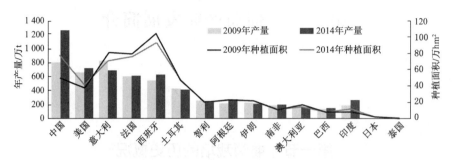

图1-1 葡萄主产国的年产量和种植面积

意大利是鲜食葡萄和葡萄酒出口大国。据国际葡萄与葡萄酒组织（OIV）数据统计，2016年意大利以48.8亿L的葡萄酒产量位居全球葡萄酒生产国第一名。该国鲜食葡萄的种植区主要集中在7个地区，主要品种包括意大利、维多利亚、红地球等。意大利鲜食葡萄采收期较长，全年约有220天。法国和西班牙是传统的葡萄种植大国，2014年西班牙葡萄园种植面积达93.11万 hm²，产量为680.73万 t。2016年法国葡萄园种植面积为75.79万 hm²，产量为617.26万 t，葡萄酒产量为41.9亿L。法国种植的葡萄品种主要是赤霞珠、美乐、霞多丽等，这些品种也已经成为全球主要种植的品种，遍布世界各产区。

资料显示，2015年美国葡萄种植面积42.5万 hm²，产量为805万 t。2016年，美国以31亿L的葡萄酒消费量位居世界第一。美国鲜食葡萄主要产区是加利福尼亚，主要为纳帕谷和索诺玛县，以有机栽培、不同土质栽培、不同架形整枝方式为主，实现了不同成熟期、不同颜色的系列化。澳大利亚葡萄产业以酿酒为主，适量发展鲜食及制干，该国的葡萄主要种植区分布于西澳大利亚、维多利亚、新南威尔士等地。2014年该国葡萄种植面积为13.79万 hm²，产量为155.74万 t。

第二节　中国葡萄栽培概况

我国葡萄的种植历史悠久，据考古研究表明，早在 3000 多年前，新疆吐鲁番地区就有葡萄种植的记载。《中国作物遗传资源》中记载："公元前 138—公元前 126 年，汉武帝派遣张骞出使西域，张骞从大宛国取蒲陶（葡萄）实，于离宫别馆旁尽种之。从此，我国内地开始栽培欧洲葡萄。"公元一世纪初，随着汉朝的东迁，葡萄的种植也由关中大地向中原地区传播。相传，陕西扶风有一个叫孟佗的富人，拿一斛葡萄酒贿赂宦官张让，被任命为凉州刺史。魏文帝曹丕曾把葡萄称作中国的珍果，认为"葡萄酿以为酒，甘于鞠蘖，善醉而易醒"。唐朝大文学家韩愈曾作诗《葡萄》："新茎未遍半犹枯，高架支离倒复扶。若欲满盘堆马乳，莫辞添竹引龙须。"唐代诗人王翰在《凉州词》中写道，"葡萄美酒夜光杯，欲饮琵琶马上催"，说明在唐朝时期，葡萄酒酿造技术已经发展到一定阶段。

1840 年之后，随着中国逐渐扩大开放，西方传教士从欧洲带来了零星的葡萄品种。直到 19 世纪末期，我国才有目的地大规模引进并种植葡萄。1892 年，山东烟台张裕葡萄酿酒公司从法国、意大利引入 129 个酿酒品种，共计 25 万株，以赤霞珠等品种为主。1910 年，北京葡萄酒厂成立。1911 年 10 月，陕西省丹凤县成立了"美丽酿造公司"，以当地盛产的龙眼葡萄为原料，采用意大利工艺酿造葡萄酒。

1949 年前，我国葡萄种植一直发展缓慢，到 1949 年底，全国葡萄栽培面积不到 0.67 万 hm^2。直到 20 世纪 50 年代末，我国才掀起第一次发展葡萄种植的高潮，鲜食葡萄品种以玫瑰香、龙眼为主，形成了黄河故道葡萄产区。同时，原北京农业大学从日本引进了巨峰葡萄品种。到 70 年代末，中国农业科学院引入了红富士、黑奥林等新品种，并在全国试种。至 80 年代中期，我国逐步形成了以鲜食葡萄

"巨峰"系和欧亚种大粒品种为主的第二次葡萄种植高潮，并形成了南方葡萄产区。80年代末，沈阳农业大学和中国农业科学院郑州果树研究所等单位从美国引入一批优质葡萄品种。到90年代后期，晚熟鲜食葡萄"红地球"（红提）在全国广泛种植，形成了第三次葡萄种植高潮。

进入21世纪，我国的葡萄产业得到了迅猛的发展。2004年，我国农业专家编著的《中国葡萄志》正式出版，系统地向世界介绍了中国的葡萄种质资源状况和品种选育现状。据统计，截至2017年，我国葡萄种植面积比2000年增长了174%，达77.6万 hm^2，产量增长了299%，达到1308万t。从世界葡萄种植发展上看，我国一直呈增长态势，从2011年起鲜食葡萄产量已稳居世界首位，到2014年，鲜食葡萄种植面积已跃居世界第2位。

据专家研究，目前我国葡萄生产基本形成西北干旱新疆产区、黄土高原干旱半干旱产区、环渤海湾产区、黄河中下游产区、南方产区、西南产区及吉林长白山为核心的山葡萄产区等七大集中种植区，葡萄种植也呈现西迁、南移的发展趋势。除新疆保持种植面积最大之外，云南跃居第二。其中，鲜食葡萄种植面积较多的省区主要有新疆、辽宁、陕西、江苏、云南等地，酿酒葡萄种植面积较多的省区有河北、甘肃、宁夏、山东等地。2017年，新疆葡萄种植面积和产量都占全国总量的19%左右，位居全国第一。图1-2和图1-3分别为2017年中国葡萄种植面积和葡萄产量排名前十五的省份。

据统计，我国葡萄栽培以鲜食葡萄为主，约占葡萄栽培总面积的80%，酿酒葡萄约占15%，制干葡萄约占5%。随着国外优良品种的引进和自主研究品种的推广，葡萄品种结构进一步优化。鲜食葡萄中，欧美种品种以巨峰、夏黑等为主，其中巨峰约占葡萄栽培总面积的26.7%。欧亚种品种主要有红地球、无核白、美人指等。目前，葡萄栽培品种70%为国外引进，30%为国内选育及传统栽培的地方品种。同时，我国葡萄生产以满足国内需求为主，生产自给率高达

97%。其中，鲜食葡萄出口量较少，多数以中低端产品形式销往东南亚国家。进口葡萄的主要来源于智利、秘鲁、澳大利亚和美国。

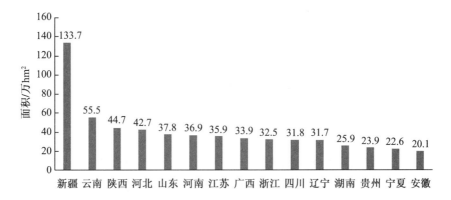

图1-2　2017年中国葡萄种植面积前十五省份

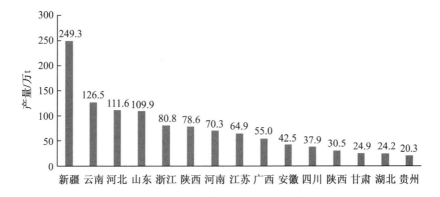

图1-3　2017年中国葡萄产量前十五省份

随着科技的进步，我国葡萄设施栽培技术广泛推广，包括避雨栽培、促早栽培、促迟栽培等多种模式，葡萄栽培区域进一步扩大，调整了鲜食葡萄的生产区域和生产周期，基本实现从每年的4月到第二年2月都有鲜食葡萄上市，有效提高了葡萄的品质和产量，以及抵御自然灾害的能力，鲜食葡萄的经济效益有了显著增长，实现了小葡萄大产业。截至2016年底，我国葡萄设施栽培面积达20多万 hm²。

1994年，中国农学会葡萄分会正式成立，是我国葡萄发展史上第一个经国家批准、登记注册的科技团体。分会现有会员1000多名，由来自全国各科研院校和葡萄生产一线的科技工作者组成，多年来始终坚持"一个会员一个点，一个理事一个片，一个会长一个面"的技术服务理念，扎实开展葡萄、葡萄酒新技术推广普及等工作，在我国葡萄产业发展中发挥着重要作用。

第三节　江苏省葡萄栽培概况

江苏省位于亚洲大陆东岸中纬度地带，属东亚季风气候区，全省年平均气温在 13.6℃ 至 16.1℃，全省年日照时数介于 1816h ～ 2503h；年降水量为 704mm ～ 1250mm，分布呈由北向南逐渐递增趋势，尤其是进入夏季，淮河以南地区进入梅雨季节，高温高湿的气候条件制约着江苏葡萄产业的发展。

早在 20 世纪 60 年代，全省多个地区就开始进行葡萄种植。到了 80 年代初期，随着"巨峰"葡萄的引进，江苏省开始了大规模的种植，面积约为 1.1 万亩。在 80 年代中后期，"黑奥林"等巨峰系品种的引进，使得全省葡萄种植面积大幅增加。到了 90 年代，伴随着"红地球"等欧亚种葡萄的引入，全省葡萄种植面积达到 4900hm²。进入 21 世纪，随着葡萄避雨栽培技术的广泛推广，以及"夏黑""红罗莎里奥"等优质品种的引入，江苏省的葡萄种植面积迅猛扩大。近年来，江苏葡萄种植面积和产量持续保持稳定增长，截至 2018 年底，全省葡萄种植面积约 3.8 万 hm²，产量达 64.8 万 t 左右。图 1-4 为 1982—2018 年江苏省葡萄种植面积和产量变化。

江苏葡萄栽培以鲜食葡萄为主，约占葡萄总面积的 95%，酿酒葡萄约占 5%，制汁葡萄极少。葡萄品种以欧美种（巨峰、夏黑等）、欧亚种（红地球、美人指等）为主，近年来，阳光玫瑰在全省大面积推广栽培，其面积约占总面积的 15%。经过多年的发展和实践探索，江苏省已逐步总结整理出一套适宜江苏地区优质葡萄种植的栽培技术，如适时定植、合理密植、水平棚架、设施栽培、定梢留果、综合防治等。同时，随着果实套袋、叶面施肥等先进实用技术的推广应用，鲜食葡萄的品质和质量安全也得到有效保证，鲜食葡萄的经济效益不断增长。据专家预测，到 2020 年，全省葡萄种植总面积将达 4 万 hm^2，设施葡萄种植面积达 2.7 万 hm^2，葡萄总产值达 70 亿元。

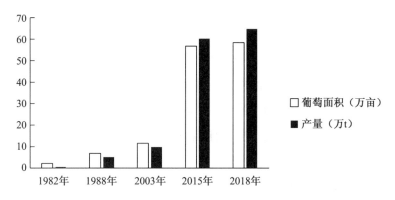

图 1-4　1982—2018 年江苏省葡萄种植面积和产量变化

第四节　句容市葡萄栽培概况

句容市隶属于镇江市，位于南京东郊，属于典型的丘陵地貌。句容市年平均气温 16.1℃，年日均温度大于 10℃ 的时间长达 227 天；平均年日照时数 2018.47 小时，太阳平均年辐射总量 116.1kcal/cm²，光照资源充足；年平均降水量为 1280.4mm，雨水充足，具有发展葡萄等鲜果独特的区位优势和生产条件。

据《句容年鉴》记载，葡萄在句容市种植历史悠久。早在东晋年间，著名道教学者、医学家、文学家葛洪（284—364 年），丹阳句容人（今江苏省句容市），将葡萄引进而来，当时只是"零零星星的种植，未大面积推广"。改革开放以后，随着以巨峰为主的葡萄水平网架栽培技术的推广，葡萄产业迅速发展，成为句容市鲜果中第一大产业，是苏南地区最大的鲜食葡萄生产基地，被确定为江苏省鲜果产业基地，2012 年句容市丁庄村获评为"全国一村一品示范村"，2016 年获评为"中国特色村"，茅山镇获评为"中国葡萄之乡"。2017 年，丁庄葡萄获批为"国家地理标志保护产品"。目前，全市葡萄种植面积约 4000hm^2，三产总产值超 6 亿元，每年吸引游客超过 30 万人次，葡萄产业已初步形成集观光、休闲、体验、餐饮于一体的新型休闲观光农业产业。

在葡萄品种上，句容市通过丘陵山区农业综合开发等项目的实施，加快了葡萄新品种的引进和推广，一批优质葡萄品种已覆盖全市各镇，夏黑、巨峰、金手指、阳光玫瑰、白罗莎里奥、美人指等早中晚熟优质品种得到广泛推广，取得了较好的成效。多年来，相继在全国"中山杯"、江苏"神园杯"优质水果评比大赛中摘得金奖。

在葡萄技术标准上，句容市组织镇江市农业科学研究所、句容市农业委员会、句容市市场监管局及相关葡萄合作社进行技术攻关，先后制定了《葡萄水平棚架式栽培技术规程》《美人指葡萄避雨栽培技术规程》《美人指葡萄》《夏黑葡萄生产技术规程》《地理标志产品　丁庄葡萄》等 10 多项地方标准，通过技术标准指导全市葡萄生产，提高了葡萄标准化生产水平，有力地保证了优质、安全、高效葡萄的生产。图 1-5 为镇江市首个地方标准《地理标志产品　丁庄葡萄》。

在葡萄农村生产经营方式上，在 1999 年，句容市就成立了全市最早的丁庄老方葡萄专业合作社，从生产管理到市场销售实行五个统一：统一品种供苗、统一技术指导、统一供药供肥、统一质量标准、统一品牌销售。目前，全市已发展了一批葡萄专业合作社，把千家万户分散的小农经营农户联合起来，提高产业发展的组织化程度，在市场竞争中取得了较好的经济效益。

图 1-5　《地理标志产品　丁庄葡萄》

参考文献

［1］田野，陈冠铭，李家芬，等：《世界葡萄产业发展现状》，《热带农业科学》，2018 年第 6 期。

［2］王秀芬，刘俊，李敬川，等：《转型升级是中国葡萄产业可持续发展的必由之路》，《中外葡萄与葡萄酒》，2017 年第 4 期。

［3］田淑芬：《中国葡萄产业与科技发展》，《农学学报》，2018 年第 8 期。

［4］柴帆：《窥探我国葡萄产业的发展现状》，《中国农村科技》，2016 年第 11 期。

［5］王西成：《江苏葡萄产业发展现状、存在问题及对策》，《河北林业科技》，2015 年第 8 期。

［6］刘书仁：《句容市葡萄产业发展现状与对策》，《上海农业科技》，2017 年第 2 期。

［7］晁无疾：《建国 60 年中国葡萄产业发展历程与展望》，《中外葡萄与葡萄酒》，2009 年第 9 期。

［8］刘凤之：《中国葡萄栽培现状与发展趋势》，《落叶果树》，2017 年第 1 期。

第二章　鲜食葡萄标准化发展状况

标准化是社会化大生产的产物，是社会生产发展的必然结果。随着科学技术的进步，专业化生产的发展，为了保证葡萄的质量，就必须制定和贯彻统一明确的标准。葡萄标准化，是科学组织葡萄生产的指南，是评价葡萄果实质量的依据。健全的葡萄标准体系，是葡萄产业科技进步的重要技术保障，是保障葡萄消费安全和提高葡萄市场竞争力的重要技术支撑，也是实现降本增效和增加农民收入的重要途径。

第一节　标准化建设的基本概念

为方便读者理解标准化的基本概念，本章将涉及葡萄标准的有关专业术语一一做出解释说明。

一、标准

通过标准化活动，按照规定的程序协商一致制定，为各种活动或其结果提供规则、指南或特性，供共同使用和重复使用的文件。

二、农业标准

在农业范围内所形成的符合标准概念要求的规范性文件。农业标准应以科学、技术和检验的综合成果为基础，并以促进社会效益最大化为目的。

三、标准化

为了在既定范围内获得最佳秩序，促进共同效益的提升，对现实问题或潜在问题确立共同使用和重复使用的条款以及编制、发布和应用文件的活动。

四、农业标准化

运用"统一、简化、协调、优化"的标准化原则，针对农业生产的产前、产中、产后全过程，通过制定标准、实施标准和实施监督，促进先进的农业成果和经验迅速推广，确保农产品的质量和安全，促进农产品的流通，规范农产品市场秩序，指导生产，引导消费，从而取得良好的经济、社会和生态效益，以达到提高农业生产水平和竞争力为目的的一系列活动过程，叫作农业标准化。

五、农业标准的分级

我国农业标准分为政府主导和市场主导的标准，政府主导的标准包括国家标准、行业标准和地方标准，市场主导的标准包括团体标准和企业标准。

1. 农业国家标准

对需要在全国范围内统一的农业技术要求，制定农业国家标准。国家标准由国家标准机构通过并公开发布。

2. 农业行业标准

对没有国家标准，又需要在全国某个农业行业范围内统一的技术要求，制定农业行业标准。行业标准由行业机构通过并公开发布。

3. 农业地方标准

为满足地方自然条件、风俗习惯等的特殊技术要求，可以制定农业地方标准。

4. 农业团体标准

由学会、协会、商会、联合会、产业技术联盟等社会团体协调相关市场主体共同制定的，满足市场和创新需要的，由本团体成员约定采用或者按照本团体的规定供社会自愿采用的农业标准，称作农业团体标准。

5. 农业企业标准

这是指企业自身制定的农业标准。

六、农业标准体系

农业标准体系是指一定范围内的农业标准按其内在联系形成的科学的有机整体。

七、农业标准体系表

农业标准体系表是指一定范围内的农业标准体系内的标准，按照一定形式排列起来的图表。农业标准体系表的组成单元是标准。农业标准体系表包括一定时间内，一定范围的标准体系应有的全套标准。

八、农业基础标准

农业基础标准是对一定范围内的标准化对象的共性因素，如标准化工作导则、术语和定义标准、符号标志标准、量和单位标准等作出规定，在一定范围内作为制定其他技术标准的依据和基础，具有普遍的指导意义。

九、农业种植标准

农业种植标准主要包括种苗培育、繁育的技术标准、病虫草管理、疫情疫病防治标准，以及农业生产过程中的栽培技术要求。

十、农业加工标准

农业加工标准是指根据农业产品标准要求，对产品的加工工艺方案、工艺过程的程序、工艺的操作方法等所做的规定。农艺、农产品加工标准对保证和提高农产品质量，提高农产品附加值具有重要意义。

十一、农业物流标准

农业物流标准是指为保障以农业生产为核心而发生的一系列物品从供应地向接受地的实体流动和与之有关的技术、组织、管理活动而制定的统一规范，主要包括运输、加工、装卸、包装、流通和信息处理等标准。

十二、农业管理标准

农业管理标准是对农业标准化领域中需要协调统一的管理事项所制定的标准。农业管理标准内容的核心部分是对管理目标、管理项目、管理程序、管理方法和管理组织所做的规定。

十三、农业服务标准

农业服务标准是指与农业相关的组织，为满足农业生产的需要，为农业生产的经营主体提供服务所制定的标准，包括农业技术指导、农业信息服务等方面的规范。

第二节　国外鲜食葡萄标准化发展概况

国际上葡萄产业发达国家的标准化程度普遍比较高，在苗木生产、区域种植、产量控制、农药使用、产品质量、商品包装等一系列生产过程中均实现了标准化生产和管理。尤其是葡萄生产发达国家农产品质量安全标准涉及面广、内容细化、配套性好、操作性强，大力借鉴他们的经验和做法，有利于我国在葡萄标准化工作中取长补短，完善标准体系，优化标准结构，对于我国的葡萄标准化工作具有重要意义。

国际上对农产品及其加工产品质量标准体系的建设非常重视，有众多官方和非官方的组织从事这方面的工作，并且制定了配套性、系统性、先进性、实用性较强的标准体系。美国、日本等国家以及欧洲联盟（EU）、国际标准化组织（ISO）、国际食品法典委员会（CAC）等国际组织开展水果标准化工作已有几十年历史，取得了突出成绩，积累了丰富的经验。

一、美国

美国是世界上标准化事业发展最早的国家之一。美国标准体系由国家标准、行业标准（联盟标准）和企业标准三个层次构成。国家标准，主要涉及农产品安全和卫生、动植物检疫等方面的标准，由联邦农业部、卫生部和环境保护署等政府机构，以及经联邦政府授权特定机构制定；行业标准，由民间团体如协会等制定，民间组织制定的标准具有很高的权威性；企业标准是由农场主或公司制定的涉农企业操作规范。长期以来，美国推行民间标准优先的标准化政策，鼓励政府部门参与民间团体的标准化活动，从而调动各方面的积极因素，形成了相互竞争的多元化体系。

就国家而言，美国果品标准体系最为完善，据统计，目前涉及水果的现行标准达128项，包括新鲜水果标准31项、加工用水果标准15项、坚果标准11项、水果罐头标准35项、果干和脱水产品标准14项、速冻果品标准22项。新鲜水果、蔬菜、坚果及其他农产品的美国等级标准的制定和维护均由农业市场局（AMS）新鲜农产品处负责。

美国鲜食葡萄从源头就开始实行严格的标准化控制，包括土壤、育苗、选择品种、栽培等前期标准，到采收、分级、包装、运销、检测等，都建立了一套比较完整的技术规范，并建立了详细的管理、监督和认证制度。此外，葡萄研究中心（协会）鲜食葡萄委员会，每年根据国内市场检测和调查结果及国际市场的反映等资料，进行统计分析，如对某个品种的反映，对某种包装的反映，对某生产者、经营者葡萄品质的反映等，均经过分析后汇集成册，公布于市，使栽培者或经营者及时得到消费者的意见，然后加以改进。所以，美国的鲜食葡萄在国内和国际均有良好的市场，深得消费者的欢迎。美国农业和农产品标准化工作不是一成不变的，而是随着市场需求的变化而不断变化的。为了保证有关标准的先进性，美国一般每5年复审一次农业标准体系。

美国十分重视对农产品的监管，对农产品的监督管理全部依据法律进行，既有全国性的联邦法，也有地方法，内容涵盖农产品认证制度和进出口检验、农产品取样和分析方法、市场监控及早期预警等。美国有多个职能部门担任监管职责。在这些检验机构中有一大批专业化的专家从事标准制定和检测工作，加上农产品物流与计算机网络上信息的基本同步，保证了美国农产品标准的严格执行。

二、日本

日本的标准体系由国家标准、行业标准和企业标准组成。国家标准即 JAS 标准，以农产品、林产品、畜产品、水产品及其加工制品和油脂为主要对象。国家标准有 90% 以上采用国际标准化组织等的标准。行业标准多由行业团体、专业协会和社团组织制定，主要是作为国家标准的补充或技术标准。日本鼓励各类农业企业制定私人标准。日本拥有专门从事农业生产经营指导服务的机构——农协（即合作社），农协和一些龙头企业积极主动地实施标准化，政府再根据农户的需求提供有针对性的服务。同时农协聘有一大批高素质的生产经营管理人才以充实协会发展，农协在指导全体农民的同时又全方位向农民服务，农业生产经营指导工作专门由农协的"营农指导员"

担任，具体指导农民进行标准化生产，营农指导员活跃在日本各地。

日本的农业推广机构注重打造完善的农户服务体系，时刻追踪农业在生产中的信息，帮助农户进行标准化生产。日本在实行葡萄标准化之时，对于葡萄的产前、产中的标准进行严格控制，如在葡萄生产过程中对种子、土壤、肥料、防病虫害等都提出了具体要求，切实贯彻规范的生产管理制度，而且要准确地记录施肥、用药等重要生产活动，保留连续多年的完整的生产档案，为实行质量追溯制度奠定基础。日本还制定了严格的农产品质量检测制度，通过农协、农业试验场、超市"三管齐下"的市场准入制度来严格控制出货质量。出货前农协的质检员要亲自到农户的地里检查，主要检查农药使用记录、糖度及成熟的一致性（包括着色、大小等）。经农协的质检员签字批准，农场主方可出货。试验场负责对葡萄的质量进行不定期抽查，重点分析农药残留状况。日本对食品安全卫生指标十分敏感，尤其是对农药残留限量方面进行严格控制，只有满足一系列农药等残留限量检测标准的农产品才能够进入日本市场，超过微量成分标准的都算不合格。超市也会对其销售的葡萄进行质量检测。另外，日本葡萄特别重视规范化包装与统一销售，而且通过标准化栽培来保证生产的葡萄便于进行统一包装。通过标准化包装，葡萄价格能提高 2～10 倍。日本葡萄还制定了产品质量可追溯制度。在日本，供销售的葡萄箱上要标明葡萄的等级。箱内卡片标明了此箱葡萄严格按国家有关规定使用农药、葡萄产地、生产者、检验者、经销者及联系电话等相关信息。如果发现不合格的产品，可以找到主要责任者。

三、欧洲联盟（EU）

欧盟标准体系是由上层的欧盟指令、下层的包含具体技术内容的自愿性技术标准构成的。欧盟指令由欧盟委员会提出，经过欧盟理事会与欧洲议会协商后批准发布的一种用于协调各成员国国内法的法律形式文件，旨在使各成员国的技术法规趋于一致。欧盟指令中只规定产品投放市场前所应达到的卫生和安全的基本要求，而具体技术细节则由技术标准来规定。技术标准由欧洲标准化组织及其各成员国政府制定，是欧盟指令的具体化。其中由欧盟委员会委托欧洲标准化机构，以"协调标准"形式制定的标准叫欧盟标准。制定欧洲标准的目的在于支持欧盟指令，消除成员国之间技术性贸易壁垒。

目前，EU 已制定了苹果、梨、鲜食葡萄、柑橘类水果、桃和油桃、李子、杏、猕猴桃、草莓、香蕉、樱桃、鳄梨、西瓜等 13 种新鲜水果的产品标准。为保护世界市场的透明度，这些标准在制定或修订时通常也考虑了 UNECE "易腐农产品标准化工作组"和"农业质量标准工作组"制定的相关新鲜水果标准。EU 新鲜水果标准在结构上和 UNECE 标准几乎完全相同，但在"质量规定"中没有"成熟度要求"。

欧盟各国根据欧盟及本国的法律法规，对农产品实行严格的市场准入和监管，其主要措施之一就是依靠农业行政主管部门按行政区划和农产品品种类型设立的全国性、综合性和专业性检测机构实施执法监督检验，进行质量检测管理和定期预报体系。欧盟提出的标准着眼点在于限制农药残留，保证食品安全。

四、国际标准化组织（ISO）

ISO 是目前世界上最大并最具权威性的国际标准化专门机构，属非政府性团体。ISO 的主要活动是制定国际标准，协调世界范围的标准化工作。ISO 标准为自愿标准，ISO 对其实施没有法律约束力，但有相当比例的 ISO 标准（主要是有关健康、安全和环境的标准）为一些国家所采纳或参考。到目前为止，ISO 在果品标准化方面的工作主要集中在测定方法标准和贮运标准上；在产品标准方面，仅制定了一些果干和果仁的规格标准，新鲜水果产品标准尚未涉及。水果贮运标准包括桃、梨、苹果、鲜食葡萄、杏、杧果、李、欧洲越橘、蓝莓、草莓等 10 种水果的冷藏标准，菠萝和鳄梨的贮运标准，酸樱桃、甜樱桃和甜瓜的冷藏和冷藏运输标准以及苹果气调贮藏标准。

五、国际食品法典委员会（CAC）

CAC 是联合国粮农组织（FAO）和世界卫生组织（WHO）为推动食品标准计划于 1962 年创建的国际政府间机构。CAC 共有 23 个委员会，其第 9 委员会负责新鲜水果和蔬菜标准的制修订，在实施世界新鲜水果标准制修订计划时，CAC 与联合国欧洲经济委员会（UN-ECE）"易腐农产品标准化工作组"进行磋商，确保不重复制定标准，并采用相同的格式。

CAC 新鲜水果标准由产品定义、质量规定、大小规定、容许度规定、摆放规定、标识规定、污染物、卫生等 8 章组成。其中，质量规定包括最低要求、成熟度标准和分级（一般分为特级、一级和二级）；容许度规定包括质量容许度（分别对特级、一级和二级作出规定）和大小容许度；摆放规定包括一致性、包装和摆放；标识规定包括标志、产品特征、产地、商品标志和官方检验标识；污染物包括重金属（要求符合 CAC 制定的最高限量）和农药残留（要求符合 CAC 制定的最大残留限量）；卫生要求有两条，一是执行《食品卫生通用操作准则》和《新鲜水果和蔬菜卫生操作规程》，二是符合根据《食品微生物学标准的建立与应用准则》建立的微生物学标准。

第三节　中国鲜食葡萄标准化发展概况

从 20 世纪 50 年代开始，我国就开始了农业标准化工作。当时制定的标准数量不多，农业标准化工作处于起步阶段。1957 年，国家标准局成立，主管全国的标准化工作。农业标准化工作得到了较快发展，国家标准的制定取得了一定成效，农业标准化工作开始步入法制化管理阶段，并制定了农业标准十年规划，农业生产部门与农产品使用、加工、经营部门共同协商制定了一些重要的农产品标准。但从总体而言，农业标准的标准数量、标准的实施范围、标准化程度仍然处于十分落后的地位。1989 年，随着《中华人民共和国标准化法》的颁布，建立健全农业标准体系和监测体系，被列入各级政府及农业部门的议事日程，有关果品的基础标准、技术标准和质量标准这时才开始制定。鲜食葡萄标准起步较晚，直到 1997 年我国才颁布了第一部关于葡萄的标准 GB/T 16862—1997《鲜食葡萄冷藏技术》。2001 年颁布的 NY/T 470—2001《鲜食葡萄》制定了葡萄种植标准、种植技术和一系列葡萄生产的方法，从生产上逐步开始规定我国葡萄标准化生产。2001 年，随着农业部在全国范围内组织实施"无公害食品行动计划"，我国加速了制定葡萄国家标准、行业标准和地方标准的步伐，颁布了更加细化的葡萄生产全程的质量管控标准。从 2012 年开始，中央再次加快推进了农业生产标准化工作进程，开始制定葡萄苗木病毒、育苗、检测等相关标准，从种植到销售，从苗木到设备工具，都有了一套较为齐全的标准体系，葡萄质量标准体系逐渐成形。

到目前为止，我国现行的鲜食葡萄质量安全管控相关国家及行业标准共计 40 项（见表 2-1）。

表 2-1　我国现行的鲜食葡萄标准统计

项

分类	国家标准	行业标准	地方标准	合计
病菌检验检疫	4	11	3	18
产地环境	0	1	1	2
种质资源	0	3	0	3
苗木	0	5	4	9
栽培管技术	0	2	104	106
病虫害防治	4	4	14	22
产后保鲜	0	0	0	0
贮运流通	1	1	5	7
产品	2	2	18	22
合计	11	29	149	189

我国现行的鲜食葡萄标准主要集中在行业标准和地方标准，国家标准的数目相对较少。其中现行有效的鲜食葡萄相关国家标准 11 项，除了地理标志产品 1 项、田间药效标准 4 项和检验检疫标准 3 项以外，仅有《鲜食葡萄冷藏技术》《无核白葡萄》《进口葡萄苗木疫情监测规程》尚在使用。现行有效的鲜食葡萄农业行业标准 16 项，国内贸易行业标准 1 项，出入境检验检疫行业标准 9 项，主要集中在葡萄的检验检疫的相关内容，其他的包括产地环境、运输包装、苗种培育等方面，生产技术规程较少。我国的主要葡萄产区新疆、河北、江苏、湖北等省区也制定了有关葡萄的地方标准，相关的地方标准有 149 项，包括品种标准、质量等级标准和栽培技术规程等方面，例如新疆维吾尔自治区制定了无核白鸡心的系列地方标准（商品果、苗木、栽培技术和主要病虫害防治标准）；江苏省制定了《葡萄水平棚架式栽培生产技术规程》《葡萄"T"形架避雨栽培技术规程》《葡萄全园套袋栽培技术规程》《美人指葡萄避雨栽培技术规程》《鲜食葡萄病虫害综合防治技术规程》《葡萄贮藏技术规程》等地方标准；河北省制定了《优质鲜食葡萄生产技术规程苗木》《优质鲜食葡萄生产技术规程　建园与管理》《葡萄白腐病测报调查与综合防治技术规程》《鲜食葡萄物流规范》等地方标准；湖北省制定了巨峰、藤稔葡萄的果实质量标准。

此外，许多大型农业企业（组织）也制定了不少企业标准。如新疆建设兵团第十三师制定了无核白（产品质量）和无核白商品化技术规程等企业标准。

虽然，我国的葡萄标准化取得了一定的成绩，但是与其他葡萄生产大国相比尚有一段距离。无论从标准规模、标准涉及的生产环节、标准的细致程度都与世界先进标准之间存在差距。在现行有关葡萄国家、行业标准中，全程管控标准数量差异较大，分布不均衡，产前、产后标准多，葡萄种植过程中最为关键的产中环节标准少；另外，随着设施葡萄栽培越来越多，农业行业标准却只有 NY/T 5088—

2002《无公害食品　鲜食葡萄生产技术规程》，而无设施葡萄栽培相关行业标准。

目前，我国葡萄生产过程中仍然存在着许多问题，从原料规范化生产到葡萄流通运输，从土地到消费者手中，葡萄质量管控标准体系仍有不完全、不完善的地方，出现了农业标准化体系不健全、标准重复交叉、标准数量较少、与实际生产不匹配等问题。在种植方面，大部分地区的果农仍采用粗放的生产经营方式，尚未实行标准化生产，标准实施程度低。发达国家长期坚持市场经济，具有完善的农产品标准化体系，而我国在葡萄上投资的农业企业起步晚，个别企业对自己的产品质量有极高的要求，但很少将自己的质量要求规范作为企业标准或公布于众。而且，我国幅员辽阔，气候条件千差万别，葡萄的生产方式和管理措施千变万化，致使生产技术规程类的标准普遍存在可操作性差的问题。

从现有的资料可以看出，我国缺乏和出口有关的鲜食葡萄和葡萄干的标准。根据 FAO 的统计资料，世界各国的葡萄主要用于酿酒，而在我国 80% 左右的葡萄用于鲜食。我国不乏世界葡萄的著名品种和世界优质的葡萄产区，但我国葡萄出口量仅为世界第 13 位，葡萄进口量居世界第 11 位，进出口贸易存在巨大的贸易逆差。美国和土耳其占据北半球葡萄干生产量的 95% 以上，我国虽有新疆、甘肃、内蒙西部等优质的葡萄干生产基地，但出口标准是限制葡萄干生产的主要因素。所以，制定相关的葡萄产品出口标准势在必行。

目前，我国葡萄的发展已经在数量上达到了总量平衡，局部地区甚至出现过剩现象，葡萄产品质量竞争日益激烈。因此，迅速制定各项标准成为我国葡萄产业高质量发展的必然趋势。当前人们对食品安全越来越重视，我们需要不断完善现有的标准化体系，对葡萄产品的质量进行全程监控和把关。所以对于葡萄标准的梳理和补充是现阶段我国葡萄产业发展亟待需要的。整理和梳理葡萄相关标准，找出存在的问题，提出调试建议和补充项目，解决我国葡萄产业生产过程中遇到的问题，提高葡萄标准化生产水平，努力促进我国葡萄产业的可持续发展，不断提高我国葡萄的品质和国际竞争力。

参考文献

［1］刘玉晨，杨和财：《我国葡萄质量全程管控标准体系研究》，《第十五届中国标准化论坛论文集》，2018 年。

［2］刘崇怀：《中国葡萄标准体系》，《中外葡萄与葡萄酒》，2005 年第 5 期。

［3］陈秋生，张强，谢蕴琳，等：《我国葡萄质量安全标准体系现状、问题分析与对策》，《食品安全质量检测学报》，2019 年第 17 期。

［4］杨映辉，刘小娟，冯岩：《借鉴日本经验发展我国葡萄产业（一）》，《中国农技推广》，2005 年第 6 期。

［5］聂继云：《国际新鲜水果标准体系的结构与特点》，《农业质量标准》，2007 年第 1 期。

第三章　句容市葡萄标准体系构建

第一节　葡萄标准体系构建

标准化是国民经济和社会发展的重要技术基础，是产业发展和市场竞争的核心要素。标准体系建设则是加强产业标准化工作的有效手段和方法。近年来，中共句容市委、市政府高度重视标准化工作，不断强化对这一工作的组织领导，加大标准的推广应用，为发展优势产业、推动技术进步、提高质量水平、促进结构调整，起到了积极的引领作用。江苏丘陵地区镇江农业科学研究所、原镇江市句容质量技术监督局、原句容市农业局等单位先后制定了 DB32/T 1153—2007《美人指葡萄》、DB32/T 1154—2007《美人指葡萄避雨栽培技术规程》、DB32/T 602—2008《葡萄水平棚架式栽培生产技术规程》等江苏省地方标准，DB3211/T 113—2008《贵公子葡萄避雨栽培技术规程》、DB3211/T 184—2016《葡萄容器育苗技术规程》、DB3211/T 177—2014《葡萄生产过程质量安全管理规范》等十多项镇江市地方标准。但是，标准由各个单位制定，标准的推广实施不到位，各个标准相互之间协调不够，标准化工作对葡萄产业的引领作用还没有得到充分显现，某些领域近乎空白。例如，在农业科技服务标准、网络信息服务标准等方面，尚待进一步加强。理顺标准关系、完善标准内容、有效管理标准，迫切需要在一定范围内对现有葡萄标准按其内在联系形成有机整体，也就是迫切需要建立句容葡萄生产标准体系，整体识别葡萄标准化对象，保证葡萄生产各环节的有效衔接，降低标准化组织运行成本，实现葡萄生产全过程质量控制。

建立和运行句容葡萄产业标准体系，目的是从整体上谋划产业标准化工作的发展方针与目标，明确远期规划及近期计划，引导产业以及相关企业以标准化工作为抓手，通过建立标准体系、组织实施标准，来提升句容特色农产品质量，推动地方特色产业健康有序发展。

一、葡萄标准体系编制依据及原则

（一）编制依据

句容葡萄产业标准体系的编制依据是《中华人民共和国标准化法》《国务院办公厅关于印发国家标准化体系建设发展规划（2016—2020 年）的通知》（国办发〔2015〕89 号）等相关文件。

在技术层面上，标准体系表的编制主要参照了 GB/T 13016—2018《标准体系　构建原则和要求》、GB/T 15496—2017《企业标准体系要求》、GB/T 15497—2017《企业标准体系　产品实现》、GB/T 15498—2017《企业标准体系　基础保障》的有关要求。

（二）编制原则

句容葡萄产业标准体系的构建以"适用、管用、实用"为指导思想，既考虑到体系的系统性和前瞻性，能为相关产业的发展提供支撑和引领，又注重体系运行的可操作性和实用性，为产业标准化工作提供指导。具体的编制原则如下：

1. 系统性原则

体系表中所有标准都围绕葡萄产业进行收集和归类，组成一个相互关联的完整系统，并通过层次关系、上下指导关系发挥各自的作用。标准体系的这种系统性原则能大大提高标准化工作的综合效益。

2. 前瞻性原则

标准体系表是一个开放结构，具有一定的前瞻性。在体系表中，尽可能广泛地收集葡萄产业目前所使用的现行标准，并列出未来需要制定的或有可能涉及的标准，以满足产业化发展的需要。例如，在农业科技服务方面，目前基本没有标准，但服务标准化，特别是生产性服务标准化是当前标准化发展的重点，因而在体系框架中预留了发展空间。在其他领域同样如此。

3. 层次性原则

为了充分发挥标准体系的整体功能，将体系表分为若干层次。最上层的为方针目标和相关法律法规和政策文件，它们对整个体系具有指导和统领作用，即标准化工作应在产业发展方针、目标和规划以及相关的法律法规和政策指导下有序开展。标准体系内第一层次的通用基础标准在葡萄产业领域普遍适用。第二层次是依据产业链各阶段或环节划分的门类标准。第三层次为第二层次标准的细分。

4. 协调性原则

葡萄产业标准体系是一个有机的整体，其协调性反映在体系的外部协调和内部协调上。外部协调性主要考虑体系文件与有关法律法规及国家有关政策、现行国家标准、行业标准、地方标准的协调一致；内部协调性主要是考虑体系内各标准之间以及标准各项规定之间的协调性，避免相互交叉或重复。

二、葡萄标准体系主要内容

句容市市场监督管理局组织关部门，走访调研了葡萄种植基地和生产加工龙头企业，广泛听取了业内专家和企业的意见。在调查研究的基础上，紧扣葡萄产业标准体系的目标和标准化需求，搭建了相应的标准体系框架。

句容葡萄产业标准体系框架包含通用基础标准、种植标准、加工标准、物流标准、管理标准、服务标准六个方面，涵盖了葡萄产业链全过程，目的是推动句容葡萄产业朝着规模化、市场化和品牌化的方向发展。

目前，句容葡萄产业标准体系共分为三个层次：

第一层次是通用基础标准。包括标准化工作导则、术语标准、符号与标志标准、量和单位标准等。这类标准是产业范围内普遍适用的基础性标准，具有广泛的指导意义。也就是说，其他标准的制定、标准体系的建立、标准实施等应以这类标准为基础。

第二层次是门类标准。分为种植标准、加工标准、物流标准、管理标准、服务标准五个门类，主要以产业链的不同阶段、关键环节及相关要素作为分类依据。

第三层次是门类标准下属的子类标准。其中，种植标准门类下分苗木栽培标准、产地环境标准、肥料标准、病虫害防治标准、林业机械标准、葡萄栽培技术规程；加工标准门类下为加工产品质量标准；物流标准门类下分包装与标识标准、储存与运输标准；管理标准门类下分质量管理与品牌标准、环境管理标准、食品安全管理标准；服务标准门类下分林业科技服务标准。第三层次涵盖了产业链全过程所涉及的相关标准，同时列出了待制定标准的清单。

三、葡萄标准体系编号规则

（一）标准体系中的代号

1. JC 是"基础"这两个汉字汉语拼音首字母的组合，表示通用基础标准门类。

2. ZZ 是"种植"这两个汉字汉语拼音首字母的组合，表示种植标准门类。

3. JG 是"加工"这两个汉字汉语拼音首字母的组合，表示加工标准门类。

4. WL 是"物流"这两个汉字汉语拼音首字母的组合，表示物流标准门类。

5. GL 是"管理"这两个汉字汉语拼音首字母的组合，表示管理标准门类。

6. FW 是"服务"这两个汉字汉语拼音首字母的组合，表示服务标准门类。

（二）编号规则

1. 体系框架上方的两个方框，即产业发展方针、目标及规划和适用的法律法规及政策文件，分别用 001 和 002 作为编号。

2. 第一层次"通用基础标准"编号为 JC100，其下一层次按照标准体系框架图排列顺序由小到大编号，如：标准化工作导则编号为 JC101；术语标准编号为 JC102……以此类推。

3. 第二层次"种植标准"编号为 ZZ200，其下一层次编号分别为 ZZ201、ZZ202、ZZ203……以此类推。

"加工标准"编号为 JG300，其下一层次编号分别为 JG301、JG302、JG303……以此类推。

"物流标准"编号为 WL400，其下一层次编号分别为 WL401、WL402、WL403……以此类推。

"管理标准"编号为 GL500，其下一层次编号分别为 GL501、GL502、GL503……以此类推。

"服务标准"编号为 FW600，其下一层次编号分别为 FW601、FW602……以此类推。

标准明细表的排列规则具体如下：

标准明细表的第一列"序号"为顺序号。每个子类标准单独排序。

标准明细表的第二列"标准体系编号"是为每一项标准所赋予的标准体系内的编号。其规则是：标准所属体系类别编号加右下角圆点"."再加阿拉伯数字由小到大流水号，如：JC101.1、JC101.2、JC101.3……以此类推。

标准明细表的第三列"标准号"为某项标准原有的标准号。

标准明细表的第四列"标准名称"即原有标准名称或待制定标准的拟定名称。

标准明细表的第五列"宜定级别"为待制定标准的建议层级，即建议制定成国家标准还是行业标准、地方标准或团体标准。

标准明细表的第六列"实施日期"为已发布标准的实施日期。

四、句容葡萄产业标准体系框架结构

句容葡萄产业标准体系框架结构如图3-1所示。

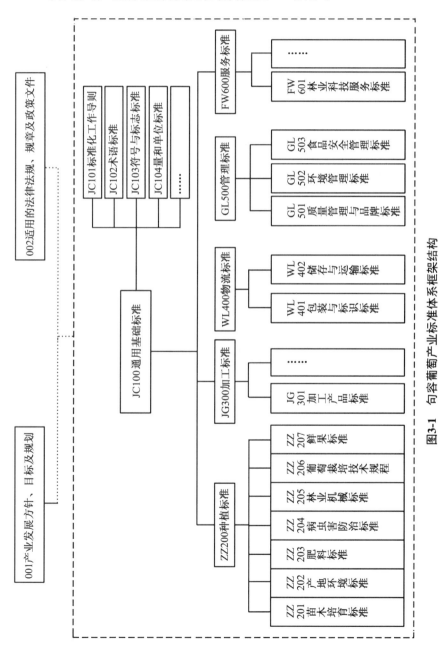

图3-1 句容葡萄产业标准体系框架结构

五、句容葡萄产业标准明细表

句容葡萄产业标准明细表见表 3-1 至表 3-6。

表 3-1　JC100 通用基础标准

序号	标准体系编号	标准号	标准名称	级别	实施日期	备注
JC101 标准化工作导则						
1	JC101.1	GB/T 1.1—2009	标准化工作导则 第 1 部分：标准的结构和编写	国家标准	2010—01—01	
2	JC101.2	GB/T 13016—2018	标准体系构建原则和要求	国家标准	2018—09—01	
3	JC101.3	GB/T 15496—2017	企业标准体系 要求	国家标准	2018—07—01	
4	JC101.4	GB/T 15497—2017	企业标准体系 产品实现	国家标准	2018—07—01	
5	JC101.5	GB/T 15498—2017	企业标准体系 基础保障	国家标准	2018—07—01	
6	JC101.6	GB/T 19273—2017	企业标准化工作 评价与改进	国家标准	2018—07—01	
JC102 术语标准						
1	JC102.1	GB/T 4122.1—2008	包装术语 第 1 部分：基础	国家标准	2009—01—01	
2	JC102.2	GB/T 6274—2016	肥料和土壤调理剂 术语	国家标准	2017—03—01	
3	JC102.3	GB/T 14095—2007	农产品干燥技术术语	国家标准	2008—01—01	
4	JC102.4	GB/T 17858.1—2008	包装袋 术语和类型 第 1 部分：纸袋	国家标准	2008—10—01	
5	JC102.5	GB/T 17858.2—2010	包装袋 术语和类型 第 2 部分：热塑性软质薄膜袋	国家标准	2011—03—01	

续表

序号	标准体系编号	标准号	标准名称	级别	实施日期	备注
6	JC102.6	GB/T 18354—2006	物流术语	国家标准	2007—05—01	
7	JC102.7	GB/T 20014.1—2005	良好农业规范 第1部分：术语	国家标准	2006—05—01	
8	JC102.8	NY/T 1839—2010	果树术语	行业标准	2010—09—01	
JC103 符号与标志标准						
1	JC103.1	GB 2894—2008	安全标志及其使用导则	国家标准	2009—10—01	
2	JC103.2	GB/T 10001.1—2012	公共信息图形符号 第1部分：通用符号	国家标准	2013—06—01	
JC104 量和单位标准						
1	JC104.1	GB 3100—1993	国际单位制及其应用	国家标准	1994—07—01	
2	JC104.2	GB 3101—1993	有关量、单位和符号的一般原则	国家标准	1994—07—01	

表 3-2 ZZ200 种植标准

序号	标准体系编号	标准号	标准名称	级别	实施日期	备注
ZZ201 苗木培育标准						
1	ZZ201.1	GB/T 20496—2006	进口葡萄苗木疫情监测规程	国家标准	2007—03—01	
2	ZZ201.2	NY 469—2001	葡萄苗木	行业标准	2001—11—01	
3	ZZ201.3	NY/T 1322—2007	农作物种质资源鉴定技术规程 葡萄	行业标准	2007—07—01	
4	ZZ201.4	NY/T 1843—2010	葡萄无病毒母本树和苗木	行业标准	2010—09—01	

续表

序号	标准体系编号	标准号	标准名称	级别	实施日期	备注
5	ZZ201.5	NY/T 2023—2011	农作物优异种质资源评价规范 葡萄	行业标准	2011—12—01	
6	ZZ201.6	NY/T 2378—2013	葡萄苗木脱毒技术规范	行业标准	2014—01—01	
7	ZZ201.7	NY/T 2379—2013	葡萄苗木繁育技术规程	行业标准	2014—01—01	
8	ZZ201.8	NY/T 2563—2014	植物新品种特异性、一致性和稳定性测试指南 葡萄	行业标准	2014—06—01	
9	ZZ201.9	NY/T 3303—2018	葡萄无病毒苗木繁育技术规程	行业标准	2018—12—01	
10	ZZ201.10	NY/T 2932—2016	葡萄种质资源描述规范	行业标准	2017—04—01	
11	ZZ201.11	DB32/T 46—2009	主要果树苗木	省级地方标准	2009—04—28	
12	ZZ201.12	DB32/T 1337—2009	鲜食葡萄嫁接育苗技术规程	省级地方标准	2009—04—28	
13	ZZ201.13	DB32/T 2093—2012	葡萄苗木组培繁育技术规程	省级地方标准	2012—08—08	
14	ZZ201.14	DB3211/T 184—2016	葡萄容器育苗技术规程	市级地方标准	2016—04—01	
ZZ202 产地环境标准						
1	ZZ202.1	GB 3095—2012	环境空气质量标准	国家标准	2016—01—01	
2	ZZ202.2	GB 5084—2005	农田灌溉水质标准	国家标准	2006—11—01	
3	ZZ202.3	GB 15618—2018	土壤环境质量标准	国家标准	2018—08—01	
4	ZZ202.4	NY/T 391—2013	绿色食品 产地环境质量	行业标准	2014—04—01	

序号	标准体系编号	标准号	标准名称	级别	实施日期	备注
5	ZZ202.5	NY/T 395—2012	农田土壤环境质量监测技术规范	行业标准	2012—09—01	
6	ZZ202.6	NY/T 396—2000	农用水源环境质量监测技术规范	行业标准	2000—12—01	
7	ZZ202.7	NY/T 857—2004	葡萄产地环境技术条件	行业标准	2005—02—01	
8	ZZ202.8	NY/T 5010—2016	无公害农产品种植业产地环境条件	行业标准	2016—10—01	
9	ZZ202.9	NY/T 5295—2015	无公害农产品产地环境评价准则	行业标准	2015—08—01	
10	ZZ202.10	DB32/T 2478—2013	葡萄标准园建设规范	省级地方标准	2014—01—20	
ZZ203 肥料标准						
1	ZZ203.1	NY/T 394—2013	绿色食品 肥料使用准则	行业标准	2014—04—01	
2	ZZ203.2	NY/T 496—2010	肥料合理使用准则 通则	行业标准	2010—09—01	
3	ZZ203.3	NY 525—2012	有机肥料	行业标准	2012—06—01	
4	ZZ203.4	NY 609—2002	有机物料腐熟剂	行业标准	2002—12—20	
5	ZZ203.5	NY 884—2012	生物有机肥	行业标准	2012—09—01	
6	ZZ203.6	NY/T 1868—2010	肥料合理使用准则 有机肥料	行业标准	2010—09—01	
7	ZZ203.7	NY/T 1869—2010	肥料合理使用准则 钾肥	行业标准	2010—09—01	

序号	标准体系编号	标准号	标准名称	级别	实施日期	备注
ZZ204 病虫害防治标准						
1	ZZ204.1	NY/T 393—2013	绿色食品 农药使用准则	行业标准	2014—04—01	
2	ZZ204.2	NY/T 1464.1—2007	农药田间药效试验准则 第1部分 杀虫剂防治飞蝗	行业标准	2008—03—01	
3	ZZ204.3	NY/T 1464.12—2007	农药田间药效试验准则 第12部分：杀剂防治葡萄白粉病	行业标准	2008—03—01	
2	ZZ206.2	NY/T 1464.13—2007	农药田间药效试验准则 第13部分：杀剂防治葡萄炭疽病	行业标准	2008—03—01	
5	ZZ204.5	NY/T 2377—2013	葡萄病毒检测技术规范	行业标准	2014—01—01	
6	ZZ204.6	NY/T 2864—2015	葡萄溃疡病抗性鉴定技术规范	行业标准	2016—04—01	
7	ZZ204.7	NY/T 3413—2019	葡萄病虫害防治技术规程	行业标准	2019—09—01	
8	ZZ204.8	SN/T 1366—2004（2012）	葡萄根瘤蚜的检疫鉴定方法	行业标准	2004—12—01	
9	ZZ206.9	SN/T 2614—2010（2014）	葡萄苦腐病菌检疫鉴定方法	行业标准	2010—12—01	
10	ZZ204.10	SN/T 3682—2013	葡萄茎枯病菌检疫鉴定方法	行业标准	2014—03—01	
11	ZZ204.11	DB3211/T 174—2014	鲜食葡萄病虫害综合防治技术规程	市级地方标准	2015—02—01	
ZZ205 林业机械标准						
1	ZZ205.1	GB/T 21964—2008	农业机械修理安全规范	国家标准	2009—01—01	

续表

序号	标准体系编号	标准号	标准名称	级别	实施日期	备注
2	ZZ205.2	GB/T 24677.1—2009	喷杆喷雾机技术条件	国家标准	2010—04—01	
3	ZZ205.3	GB/T 25419—2010	气动果树剪枝机	国家标准	2011—03—01	
4	ZZ205.4	NY/T 1003—2006	施肥机械质量评价技术规范	行业标准	2006—04—01	
5	ZZ205.5	QB/T 2289.1—2012	园艺工具 稀果剪	行业标准	2013—06—01	
ZZ206 葡萄栽培技术规程						
1	ZZ206.1	GB/T 19630.1—2011	有机产品 第1部分：生产	国家标准	2012—03—01	
2	ZZ206.2	NY/T 1998—2011	水果套袋技术规程 鲜食葡萄	行业标准	2011—12—01	
3	ZZ206.3	NY/T 5088—2002	无公害食品 鲜食葡萄生产技术规程	行业标准	2002—09—01	
4	ZZ206.4	DB32/T 602—2008	葡萄水平架式栽培生产技术规程	省级地方标准	2009—02—18	
5	ZZ206.5	DB32/T 875—2005	葡萄"T"形架避雨栽培技术规程	省级地方标准	2006—01—30	
6	ZZ206.6	DB32/T 930—2006	葡萄全园套袋栽培技术规程	省级地方标准	2007—02—20	
7	ZZ206.7	DB32/T 1003—2006	绿色食品 鲜食葡萄生产技术规程	省级地方标准	2007—02—20	
8	ZZ206.8	DB32/T 1154—2007	美人指葡萄避雨栽培生产技术规程	省级地方标准	2008—01—26	
9	ZZ206.9	DB32/T 1334—2009	绿色食品"美人指"葡萄生产技术规程	省级地方标准	2009—02—28	

续表

序号	标准体系编号	标准号	标准名称	级别	实施日期	备注
10	ZZ206.10	DB32/T 2091—2012	葡萄"H"型整形修剪栽培技术规程	省级地方标准	2012—08—08	
11	ZZ206.11	DB32/T 2092—2012	葡萄花穗果穗整形技术规程	省级地方标准	2012—08—08	
12	ZZ206.12	DB32/T 2243—2012	有机鲜食葡萄生产技术规程	省级地方标准	2013—02—28	
13	ZZ206.13	DB32/T 2732—2015	葡萄园生态立体种养技术规程	省级地方标准	2015—04—15	
14	ZZ206.14	DB32/T 2817—2015	夏黑葡萄大棚促成栽培生产技术规程	省级地方标准	2015—11—10	
15	ZZ206.15	DB32/T 2967—2016	阳光玫瑰葡萄设施生产技术规程	省级地方标准	2016—11—20	
16	ZZ206.16	DB3211/T 113—2008	贵公子葡萄避雨栽培技术规程	市级地方标准	2009—01—18	
17	ZZ206.17	DB32/T ***—****	巨峰葡萄无核化生产技术规程	省级地方标准		制定中
ZZ207 鲜果标准						
1	ZZ207.1	GB 2762—2017	食品安全国家标准 食品中污染物限量	国家标准	2017—09—17	
2	ZZ207.2	GB 2763—2019	食品安全国家标准 食品中农药最大残留限量	国家标准	2020—02—15	
3	ZZ207.3	NY/T 844—2017	绿色食品 温带水果	行业标准	2017—10—01	
4	ZZ207.4	NY/T 1986—2011	冷藏葡萄	行业标准	2011—12—01	

续表

序号	标准体系编号	标准号	标准名称	级别	实施日期	备注
5	ZZ207.5	DB32/T 1153—2007	美人指葡萄	省级地方标准	2008—01—26	
6	ZZ207.6	DB3211/T 1001—2019	地理标志产品丁庄葡萄	市级地方标准	2019—09—01	

表 3-3 JG300 加工标准

序号	标准体系编号	标准号	标准名称	级别	实施日期	备注
JG301 加工产品标准						
1	JG301.1	GB/T 15037—2006	葡萄酒	国家标准	2008—01—01	
2	JG301.2	GB/T 18525.4—2001	枸杞干、葡萄干辐照杀虫工艺	国家标准	2002—03—01	
3	JG301.3	GB/T 22478—2008	葡萄籽油	国家标准	2009—01—20	
4	JG301.4	NY/T 705—2003	无核葡萄干	行业标准	2004—03—01	
5	JG301.5	NY/T 1041—2010	绿色食品 干果	行业标准	2010—09—01	
6	JG301.6	QB/T 1382—2014	葡萄罐头	行业标准	2014—10—01	
7	JG301.7	SB/T 10200—1993	葡萄浓缩汁	行业标准	1994—06—01	

表 3-4 WL400 物流标准

序号	标准体系编号	标准号	标准名称	级别	实施日期	备注
WL401 包装与标识标准						
1	WL401.1	GB 7718—2011	食品安全国家标准预包装食品标签通则	国家标准	2012—04—20	

序号	标准体系编号	标准号	标准名称	级别	实施日期	备注
2	WL401.2	GB/T 16830—2008	商品条码储运包装商品编码与条码表示	国家标准	2009—01—01	
3	WL401.3	GB/T 19630.3—2011	有机产品 第3部分：标识与销售	国家标准	2012—03—01	
4	WL401.4	JJF 1244—2010	食品和化妆品包装计量检验规则	行业标准	2010—04—01	
5	WL401.5	NY/T 658—2015	绿色食品 包装通用准则	行业标准	2015—08—01	
6	WL401.6	NY/T 1778—2009	新鲜水果包装标识 通则	行业标准	2010—02—01	
WL402 储存与运输标准						
1	WL402.1	GB/T 16862—2008	鲜食葡萄冷藏技术	国家标准	2008—12—01	
2	WL402.2	NY/T 1056—2006	绿色食品 贮藏运输准则	行业标准	2006—04—01	
3	WL402.3	NY/T 1199—2006	葡萄保鲜技术规范	行业标准	2007—02—01	
4	WL402.4	SB/T 10894—2012	预包装鲜食葡萄流通规范	行业标准	2013—07—01	
5	WL402.5	DB32/T 1497—2009	葡萄贮藏技术规程	省级地方标准	2009—12—16	

表 3-5　GL500 管理标准

序号	标准体系编号	标准号	标准名称	级别	实施日期	备注
GL501 质量管理与品牌标准						
1	GL501.1	GB/T 16868—2009	商品经营服务质量管理规范	国家标准	2009—10—01	
2	GL501.2	GB/T 19000—2016	质量管理体系基础和术语	国家标准	2017—07—01	

续表

序号	标准体系编号	标准号	标准名称	级别	实施日期	备注
3	GL501.3	GB/T 19001—2016	质量管理体系要求	国家标准	2017—07—01	
4	GL501.4	GB/T 19010—2009	质量管理顾客满意　组织行为规范指南	国家标准	2009—12—01	
5	GL501.5	GB/T 19012—2008	质量管理　顾客满意　组织处理投诉指南	国家标准	2008—12—01	
6	GL501.6	GB/T 19630.4—2011	有机产品　第4部分：管理体系	国家标准	2012—03—01	
7	GL501.7	GB/T 31045—2014	品牌价值评价农产品	国家标准	2014—12—31	
8	GL501.8	DB3211/T 177—2014	葡萄生产过程质量安全管理规范	市级地方标准	2015—02—01	
9	GL501.9	DB3211/T 188—2016	葡萄质量安全现场检查技术规范	市级地方标准	2016—06—24	
GL502 环境管理标准						
1	GL502.1	GB/T 24001—2016	环境管理体系要求及使用指南	国家标准	2017—05—01	
2	GL502.2	GB/T 24004—2004	环境管理体系原则、体系和支持技术通用指南	国家标准	2005—05—15	
GL503 食品安全管理标准						
1	GL503.1	GB 14881—2013	食品安全国家标准食品生产通用卫生规范	国家标准	2014—06—01	
2	GL503.2	NY/T 2149—2012	农产品产地安全质量适宜性评价技术规范	行业标准	2012—09—01	

表 3-6　FW600 服务标准

序号	标准体系编号	标准号	标准名称	级别	实施日期	备注
FW601 林业服务标准						
1	FW601.1	GH/T 1121—2015	庄稼医院科技服务规范	行业标准	2016—06—01	
2	FW601.2	DB32/T 2729—2015	鲜果（草莓、葡萄、桃）采摘园服务规范	省级地方标准	2015—08—15	
3	FW601.3		葡萄栽培技术培训服务规范	地方标准或团体标准		待制定

六、句容葡萄产业标准统计表

句容葡萄产业标准统计表见表 3-7。

表 3-7　句容葡萄产业标准统计表

分类	国家标准	行业标准	地方标准	合计	待制定标准	备注
JC100　通用基础标准						
JC101 标准化工作导则	6	—	—	6		
JC102 术语标准	7	1	—	8		
JC103 符号与标志标准	2	—	—	2		
JC104 量和单位标准	2	—	—	2		
小计	17	1	0	18		
ZZ200　种植标准						
ZZ201 苗木培育标准	1	9	4	14		
ZZ202 产地环境标准	3	6	1	10		

续表

分类	国家标准	行业标准	地方标准	合计	待制定标准	备注
ZZ203 肥料标准	—	7	—	7		
ZZ204 病虫害防治标准	—	10	1	11		
ZZ205 林业机械标准	3	2	—	5		
ZZ206 葡萄栽培技术规程	1	2	13	16	1	
ZZ207 鲜果标准	2	2	2	6		
小计	10	38	21	69	1	
JG300　加工标准						
JG301 加工产品标准	3	4	—	7		
小计	3	4	0	7		
WL400　物流标准						
WL401 包装与标志标准	3	3	—	6		
WL402 运输与储存标准	1	3	1	5		
小计	4	6	1	11		
WL500　管理标准						
GL501 质量管理与品牌标准	7	—	2	9		
GL502 环境管理标准	2	—	—	2		
GL502 食品安全管理标准	1	1	—	2		
小计	10	1	2	13		
FW600　服务标准						
FW601 林业科技服务标准	—	1	1	2	1	
小计	0	1	1	2	1	
合计	44	51	25	120	2	

第二节　句容市葡萄标准化实施与改进

近年来，句容市利用茅山丘陵地区独特的地理环境，围绕服务葡萄产业发展、做响葡萄产业品牌、增强葡萄发展后劲、扩大葡萄市场份额、提高葡萄种植效益等方面，开展了一系列农业标准化工作。2005年建成了葡萄早川式栽培国家级农业标准化示范区，2010年建成了美人指葡萄国家级农业标准化示范区。2013年由句容市人民政府承担实施的"句容农业综合标准化示范市"项目，通过目标考核，并被评为第七批全国农业标准化示范区优秀示范区。

一、强化总体规划，确保实施效果

句容市对葡萄农业标准化示范工作进行总体规划，围绕构建葡萄标准体系，采取一系列措施，全面保证标准实施工作有序推进。

（一）强化组织领导

成立了由市政府主要领导任组长、分管领导任副组长，市各有关单位负责人为成员的创建工作领导小组，下设办公室（设在市原质监局）和专业技术委员会（设在原市农委），并建立领导小组联席会议制度。各镇（管委会）也成立相应的组织领导机构，积极推动本地农业标准化的实施。将创建葡萄农业标准化示范工作写入政府工作报告，并作为各镇、各单位年终考核的重要内容。围绕农业标准化，市人大将之作为重点议题进行督办，多次召开专题督办会，听取市政府关于创建工作汇报，并提出宝贵意见。

（二）强化宣传发动

加大创建工作的宣传力度，专门编印《创建简报》，在《中国质量报》《新华日报》《镇江日报》以及人民网、光明网等主流媒体发表文章30多篇。在2011年世界标准日主题论坛及2013年全国标准化工作会议上，句容市作为农业标准化典型派代表做了经验交流发言。同时，举办标准化培训班，编印发放《句容市农业实用技术手册》《葡萄标准汇编》等培训教材近万本，并利用"12316"服务平台、远程教育致富工程等平台，及时把农业标准化的知识、技术、信息和资讯传到田间地头、送到农民手中，使农民熟练掌握农产品质量标准要求和标准化生产技术规程，使"学标准、讲标准、用标准"成为农业生产者的自觉行动。

（三）优化工作方法

为确保创建目标的顺利实现，句容市出台《农业标准化示范实施意见》，与各镇、各相关部门签订《句容农业标准化示范责任书》，将任务层层分解。同时，优化工作方式，做到创建工作"三结合"，即：与推进高效农业规模化相结合，不断优化产业结构，提高优质农产品比重；与扶贫开发和农民增收工作相结合，让更多农民参与到标准化工作中来，分享标准化的"红利"；与品牌创建相结合，不断提高我市农产品的品牌知名度，提高市场占有率。

（四）强化部门协作

由原市质监局、市农委牵头，各创建领导小组成员单位强化配合，通力协作，共同做好创建工作的组织实施、项目争取、督促推进等工作。各部门对照创建工作要求，认真做好项目阶段性检查总结的材料整理、审查资料、现场准备、抽样调查、农户走访等工作。各镇（管委会）按照属地管理的原则，全面负责本地区的各项创建工作。同时，领导小组各成员单位不定期召开会议，共同研究示范建设中的实际困难和问题，确保各项工作顺利推进，取得实效。

二、把握实施重点，推进示范实施

（一）健全农业标准体系

围绕"现代都市农业"发展定位，以生产高效、优质、安全、放心农产品为目标，采取国家标准、行业标准、地方标准相配套，产地标准、产品标准、生产标准相衔接，建立富有句容特色的葡萄综合标准体系，包含通用基础标准、种植标准、加工标准、物流标准、管理标准、服务标准六个方面，涵盖了产业链全过程。包括国家标准44个、行业标准51个、地方标准25个、待制定标准2个。

（二）抓好标准推广示范

不断完善和推广"公司＋农户＋标准＋基地""专业合作社＋标准＋农户""科研部门＋标准＋专业合作社＋农户""龙头企业＋订单＋标准＋农户"等经营模式。一方面，强化原有基地的功能改造和升级，加大新标准、新规范的推广普及力度；另一方面，加快新型农业标准化示范区的培育建设步伐，以现代农业园区、高效农业基地、示范园艺场为载体，加快培育农业标准化生产项目，标准化生产普及率达91.5%。

（三）加强标准实施监管

一是投入品全程监管制度。通过在示范区设立农药肥料专销点，挂牌定点销售药肥，建立定点采购和经营记录，强化跟踪管理，先后荣获全国"放心农资下乡进村示范县""江苏省农产品质量安全示范基地"称号。句容市老方葡萄科技示范园区执行"统一品种育苗、统一技术指导、统一供药供肥、统一质量标准、统一品牌销售"的生产经营模式，全面实施葡萄标准化栽培技术。二是生产经营档案制。编制发放农产品生产记录及多项农业生产单位管理制度，要求按照统一标准要求进行生产、管理、记录。积极开展农产品质量安全可追溯体系建设，对产品的来源田块、生产者、收割时间进行详细记录，确保来源可查清、产品可追溯、责任可追究。三是产地准出制度。建成农产品检测中心，实行生产场地检测、产品出场检测、市场抽检的检测制度，实现从"农业投入品、田间种植到批发市场"全过程的动态质量控制，示范区内农产品质量检测安全合格率达到98%以上。四是区域督查制度。各镇配备专职人员对本区域农产品质量安全进行检查督查，开展质量速测，确保有问题能够及时发现，进一步提高全市农产品质量安全监管水平。

（四）加快农业品牌建设

指导农业龙头企业、生产单位、合作经济组织等开展"三品"认证和品牌创建，以农业品牌建设推动标准化的实施。"三品"产地认定面积占全市耕地面积的93%。先后荣获江苏省名牌产品6个、镇江市名牌产品16个，江苏省名牌农产品5个、镇江市名牌农产品20个。

（五）实施农业科技创新

以江苏农林职业技术学院、江苏省丘陵地区镇江农业科学研院等技术机构为依托，从农业科技研发初端起，对农业科技进行优选、简化、协调、统一，同步建立标准技术规程，用标准构建起农业科研和农业生产之间的桥梁。先后主导制定了省级农业地方标准52项、镇江市级地方标准55项，涉及农业种植、加工、监管、农业旅游等方面标准，农业科技成果标准化率达到75%，农业标准推广实施率达75%。镇江农科院也由此获得了农业科技服务省名牌产品称号。

（六）加大人才培训力度

以市农业技术专家为主力，建立起覆盖全市的农业标准化专家人才库。聘请句容市农民讲师团成员为标准化培训教师队伍，累计举办各类标准化培训班100多期，培训人员10万人次以上。同时，将标准化示范工作与农业科技入户示范工程建设相结合，采用"手把手""面对面"的技术指导方式，指导示范户应用主导品种、主推技术，户均指导时间在80天以上。此外，将集中培训和分户培训相结合，通过举办培训班、发放生产技术明白纸、技术讲座光盘等方式，开展主导品种和主推技术培训。

三、严格考核评价，注重实施改进

句容葡萄标准体系明确了框架和明细内容，指出了未来标准化工作重点和发展方向。同时，为能够适应技术的进步和管理理念的更新，本标准体系采用循环发展模式，标准体系框架及标准明细表会随着葡萄栽培技术的进步和葡萄品种扩展而不断发展、变化。

建立句容葡萄标准体系仅仅是标准化系统工作的第一步，更重要的是实施各类标准，在实施过程中不断完善标准体系，不断提高葡萄生产的产前、产中、产后标准化栽培技术水平，把先进的技术转化为标准来实施和推广，努力使句容成为江苏最大的鲜食葡萄生产基地。

标准体系建立之后，一方面要通过农业标准化示范区的创建推动标准体系的实施，另一方面要依托相关农业推广部门、农业合作社、家庭农场等新型农村合作组织进行标准体系的宣传贯彻实施，制定细致的实施方案，成立相关标准化工作小组，定期召集有关人员研究标准化工作，建立和完善标准体系中涉及的各项标准，建立针对葡萄生产质量的评价机制，开展标准体系和相关标准的实施评价工作。

此外，鲜食葡萄是近年发展规模较快的水果品种，葡萄早、中、晚熟品种较多，栽培技术不断发展，标准体系也应处于不断地修订、补充的动态发展中，动态发展才是葡萄标准体系的价值和生命力所在，句容市将在相关标准的实施过程中，不断收集各方意见，对相关葡萄标准的实用性进行研究和完善，努力提高标准体系实施后的社会效益、经济效益、生态效益，促进鲜食葡萄产业的高质量发展。

第四章 鲜食葡萄标准化生产技术

第一节 主要鲜食葡萄品种

一、阳光玫瑰

欧美杂交种，拥有欧洲葡萄的风味，抗病性强，能无核栽培的大粒黄绿色品种。果穗圆锥形，平均穗重600g，果粒椭圆形，平均单粒重 10～15g，果皮光亮，黄绿色，外观美，糖度高，可溶性固形物含量可达 18% 以上，味甜，有浓郁的玫瑰香味，可连皮吃。江苏句容果实成熟期8月中下旬，比巨峰稍迟，丰产。苏南地区可露地栽培，避雨栽培更好。图 4-1 为阳光玫瑰。

图 4-1 阳光玫瑰

二、巨峰

欧美杂交种，全国各地都广泛栽培，为我国鲜食葡萄主栽品种。果穗圆锥形，平均穗重 400～500g，果粒着生较紧密。果粒大，平均粒重11g，椭圆形。果皮紫黑色，果粉厚，果皮中等厚，果肉较软，味甜多汁，果皮与果肉易分离，果刷短，成熟后易落粒。可溶性固形物含量约17%，品质佳。江苏句容果实成熟期8月上中旬。图 4-2 为巨峰。

图 4-2　巨峰

三、夏黑

欧美杂交种，果穗圆锥形，平均穗重 600g，果穗大小整齐，果粒着生紧密。果粒近圆形，平均粒重 7～9g，果皮紫黑色，果粉厚，果皮厚，果肉硬脆，可溶性固形物含量约 17%，浓甜爽口，无核，品质优。江苏句容果实成熟期 7 月中下旬。图 4-3 为夏黑。

四、金手指

欧美杂交种，果穗圆锥形，平

图 4-3　夏黑

均穗重300g，果粒手指形，先端略弯曲，粒形奇特美观，平均单粒重6.5g，果皮黄色，较薄，果肉较软，味甜多汁，有冰糖味，可溶性固形物含量约18%，品质佳。江苏句容果实成熟期8月中下旬。图4-4为金手指。

图4-4　金手指

五、贵公子（又名白罗莎里奥）

欧亚种，果穗圆锥形，平均穗重600g。果粒椭圆形，平均单粒重8.5g。果皮黄绿色，果粉厚，果肉紧厚，汁多，果肉透明，能见种子，外观美。果皮与果肉易分离，可溶性固形物含量约17%，风味纯甜爽口。品质极好。江苏句容果实成熟期8月下旬。苏南地区宜避雨栽培。图4-5为贵公子。

图4-5　贵公子

六、妮娜皇后

欧美杂交种，果穗圆锥形，平均穗重 500g。果粒椭圆形，极大，平均单粒重 15g。果皮红色，果粉厚，果肉硬，味甜，可溶性固形物含量约 19%。江苏句容果实成熟期 8 月下旬。苏南地区宜避雨栽培。图 4-6 为妮娜皇后。

图 4-6　妮娜皇后

图 4-7　美人指

七、美人指

欧亚种，果穗大，圆锥形，平均穗重 700g。果粒着生松散，平均粒重 9g，果粒长椭圆形，先端鲜红色或紫红色，其余部位着色较淡或为绿色，外观艳丽。果皮与果肉难分离，皮薄肉脆，可溶性固形物含量约 16%，口感甜脆，风味佳。江苏句容果实成熟期 9 月上旬。该品种长势极强，栽培管理对产量影响大，抗病性较弱。果实易发生日灼。苏南等多雨地区需采用避雨栽培。图 4-7 为美人指。

第二节　标准化建园

一、园地

新建葡萄园，选择排水良好的缓坡地或平地建园，平原水网地区地下水位较高的地方可通过深沟高垄、开围沟降低地下水位。葡萄园的土壤 pH 值要求在 6.5～7.5，过酸过碱及含盐量超过 0.15% 的土壤不适宜建园。

二、园地规划

根据园地条件、面积和架式进行规划，每个作业小区以长度100m、宽度50m 为宜，小区间留作业道，行向宜南北向，在园地四周应建防风林，园地面积较大时，每条小区道路两侧再建防风林，防风林树种以乔木为主，避免与葡萄共生病虫互相传播。

三、灌溉系统

葡萄园灌溉系统的设计，首先考虑水源，修建灌溉系统。丘陵山区缺乏水源，需开挖蓄水塘，采用节水灌溉。目前葡萄节水灌溉主要推广微喷灌及小管促流两种类型，在地下水位高、雨季发生涝灾的低洼地必须设计排水系统，采用明沟或暗沟排水。丘陵山区岗坡地地表径流大、易发生冲刷，可种植百喜草等牧草，增加地面覆盖，防止水土流失。图4-8 为葡萄园排水系统。

图4-8　葡萄园排水系统

四、栽培模式

南方宜采用水平棚架式栽培及设施栽培。

（一）水平棚架式栽培

棚架高度1.8m，棚架的角柱、边柱和顶柱要求坚固耐用，一般用方形钢筋水泥柱。角柱长宽高规格为3.2m×0.10m×0.10m，边柱规格为2.7m×0.10m×0.10m，顶柱规格为2.0m×0.06m×0.06m，边柱间距为2～3m。建棚时先固定角柱，拉紧四周铁丝，再将边柱固定于四周线上，对拉边柱线。角柱、边柱与地面成45°角向外斜倾，柱顶端用铁丝吊石头固定。四周及边柱对拉线用8号镀锌铁丝，边柱对拉线之间用14号镀锌铁丝编成间距40cm的网格，棚架中间对拉线的每个交叉点用顶柱垂直支撑。在水平棚架顶部及四周搭建防鸟网。水平棚架式栽培如图4-9所示。

图 4-9 水平棚架式栽培

（二）设施栽培

设施类型可为简易连栋式小拱棚、单栋大棚、连栋大棚。图 4-10
为设施栽培。

图 4-10 设施栽培

五、定植密度

每亩定植密度，要根据当地气候、土壤及肥水条件决定。水平棚架新"一"字型整形，定植密度：行距 2.5 ～ 3m，株距 3 ～ 6m，每亩 37 ～ 89 株；最终密度：行距 2.5 ～ 3m，株距 12 ～ 18m，每亩 12 ～ 22 株。"H"型整形，定植密度：行距 4.4 ～ 6m，株距 5 ～ 7m，每亩 16 ～ 30 株；最终密度：行距 4.4 ～ 6m，株距 10 ～ 14m，每亩 8 ～ 15 株。"WH"型整形，定植密度：行距 8.8 ～ 12m，株距 5 ～ 7m，每亩 8 ～ 15 株；最终密度：行距 8.8 ～ 12m，株距 10 ～ 14m，每亩 4 ～ 8 株。"王"字型整形，定植密度：行距 6.6 ～ 9m，株距 5 ～ 7m，每亩 11 ～ 20 株；最终密度：行距 6.6 ～ 9m，株距 10 ～ 14m，每亩 5 ～ 10 株。采用"X"型整形修剪，定植密度：行距 4 ～ 5m，株距 4 ～ 5m，每亩 27 ～ 42 株；最终密度：行距 8 ～ 10m，株距 8 ～ 10m，每亩 7 ～ 10 株。

六、定植

新建葡萄园，露地栽培，采用开沟定植，定植沟深 0.4 ～ 0.6m，沟宽 0.8 ～ 1.2m；设施栽培，可开挖定植沟或者定植穴。沟（穴）内将土、腐熟有机肥及磷肥等混合，在前一年冬季前完成。定植沟规格，宽度 0.8 ～ 1.2m，深度 0.4 ～ 0.6m，定植穴规格，长度和宽度均为 2.5m，深度 0.4 ～ 0.6m，每亩施稻壳 7500kg、牛粪有机肥 18000kg、生物碳 1500kg、饼肥 500kg、过磷酸钙 50kg，定植穴内，将稻壳、有机肥、生物碳、饼肥、过磷酸钙与土完全混合均匀，搅拌完成后高出地面 20cm，高垄浅栽。定植时间为 2 月上旬到 3 月中旬。定植前一夜将葡萄根浸泡在水中 12 小时，使根系充分吸水，定植时先将苗木的地上部分用 5 度石硫合剂消毒，根系用 1000 倍甲基托布津药剂浸泡 5 分钟。将根的先端剪去 1/4 ～ 1/3，露出新鲜剪口，并将嫁接口处塑料绑扎带解去，地上部分嫁接口上部留 10 ～ 15cm，其余剪除。定植时，苗木必须浅栽。特别是开挖定植沟，如果平沟面定植，苗木定植后几年，定植处下沉，结果造成深栽。因此，沟内定植，将定植处土堆高，把根系笔直向不同方向理顺，然后覆土，使根与土紧密结合，最终定植后，苗木高于地面 20 ~ 30cm。定植后覆盖黑地膜或者除草布，在葡萄植株旁插竹竿将苗绑扎固定。图 4-11 为开挖定植沟，图 4-12 为开挖定植穴，穴内将土、腐熟有机肥及磷肥等混合，图 4-13 为葡萄定植，覆盖黑地膜。

图 4-11　开挖定植沟

图 4-12　开挖定植穴，穴内将土、腐熟有机肥及磷肥等混合

图 4-13　葡萄定植，覆盖黑地膜

参考标准：

1. DB32/T 1154—2007《美人指葡萄避雨栽培生产技术规程》

2. DB32/T 602—2008《葡萄水平棚架式栽培生产技术规程》

3. DB32/T 2478—2013《葡萄标准园建设规范》

4. DB32/T 2817—2015《夏黑葡萄大棚促成栽培生产技术规程》

5. DB32/T 2967—2016《阳光玫瑰葡萄设施生产技术规程》

第三节　新梢标准化管理

一、抹芽

抹芽是指抹掉副芽及长势特别强或者特别弱的新梢，使新梢生长整齐。

（一）巨峰有籽栽培的抹芽

第一次在展叶 2～3 叶时，抹去不定芽、结果母枝基部 2～3 芽，控制过度抹芽。如果树势强，仅抹去不定芽，多留新梢，分散养分。第二次在展叶 6～8 叶时，抹去副芽及极端强的新梢，使开花初期，新梢长度 50～60cm。第三次在确认坐果后，抹去过密的新梢、落花落果重的新梢和穗型差的新梢。

（二）无籽栽培（短梢修剪）的抹芽

无籽栽培（短梢修剪）情况下，在展叶 5 叶时，能判断花穗着生情况。尽量留下水平方向生长的芽，抹掉向上、向下生长的芽。最终 1 个芽座留 1 根新梢，考虑风害和绑扎造成的损伤，多留20%的保险新梢。在即将开花前，新梢不容易折断，这时，1 个芽座留 1 根新梢。另外，从 1 个芽座发生 2 根相同长势的新梢，尽早留 1 根新梢。

二、新梢摘心要点

无籽栽培情况下，在即将开花时，对生长超过80cm的新梢进行摘心。对生长 80cm 以下的新梢，不摘心。有籽栽培情况下，摘心在开花前 1 周实施，仅对生长超过 12 叶的新梢进行轻摘心。

2～5 年生树龄的短梢修剪栽培树，在开始开花时，花穗前 3 节摘心。长梢修剪栽培及 6 年生树龄以上的短梢修剪栽培树，在开始开花时，花穗前 6 节摘心。主枝延长枝留 15～20 叶摘心。摘心后先端发出的副梢继续向前生长，并不断绑扎固定。对生长弱的副梢不摘心，对生长强的副梢留 2～3 叶反复摘心。图 4-14 是阳光玫瑰短梢修剪，见花时，花穗前 3 节摘心。

图 4-14　阳光玫瑰短梢修剪，见花时，花穗前 3 节摘心

参考标准：

1. DB32/T 602—2008《葡萄水平棚架式栽培生产技术规程》

2. DB32/T 2817—2015《夏黑葡萄大棚促成栽培生产技术规程》

3. DB32/T 2967—2016《阳光玫瑰葡萄设施生产技术规程》

第四节 花果标准化管理

一、疏穗

阳光玫瑰、巨峰及夏黑无核栽培，在即将开花前至始花时疏穗。疏穗标准如下：超过100cm的极强新梢留2个花穗，30～99cm的中庸偏强新梢留1个花穗，30cm以下的弱新梢不留花穗。

巨峰有核栽培，在即将开花前，进行疏穗。疏穗标准如下：弱新梢（展叶4～5叶以下），2～3根新梢留1穗；弱新梢（展叶6～8叶），1根新梢留1穗；中庸新梢（展叶10叶左右），1根新梢留2穗；强的新梢（结果母枝先端的新梢），不去穗。

二、花穗整形（整穗）

（一）阳光玫瑰无核栽培整穗方法

在即将开花到始花时整穗，保留花穗穗尖部分，长度4cm，剪去其余支梗。图4-15为阳光玫瑰整穗，保留花穗穗尖部分4cm。

图4-15 阳光玫瑰整穗，保留花穗穗尖部分4cm

（二）巨峰有核栽培整穗方法

在即将开花到始花时整穗，保留花穗水平支梗部分，长度 7 ～ 8cm（支梗数量 15 ～ 17 个），剪去穗尖约 1 ～ 2cm。图 4-16 为巨峰有核栽培整穗，保留花穗水平支梗部分 7 ～ 8cm，剪去穗尖 1 ～ 2cm。

图 4-16　巨峰有核栽培整穗，保留花穗水平支梗部分 7 ～ 8cm，剪去穗尖 1 ～ 2cm

（三）夏黑无核栽培整穗方法

花前一周至初花，去副穗，疏去穗肩以下小穗 2 ～ 6 节，回缩过长小穗，保留花穗穗尖部分 7 ～ 9cm，花穗 22 ～ 25 个支梗。图 4-17 为夏黑整穗。

图 4-17　夏黑整穗，保留花穗穗尖部分 7 ~ 9cm

三、阳光玫瑰无核化处理方法

（一）无核处理时间

花穗 100% 开花至花后 2 天为止，用赤霉酸加氯吡脲浸穗处理。注意避开高温时段处理花穗，处理前葡萄园浇水，土壤保持湿润状态。要分批处理，用不同颜色夹子做标记。对于露地阳光玫瑰，为了防止下雨造成再次处理，处理后立即套伞。图 4-18 为阳光玫瑰花穗 100% 开花至花后 2 天，无核化处理。

图 4-18 阳光玫瑰花穗 100％开花至花后 2 天，无核化处理

（二）膨大处理时间

在第一次无核处理后间隔 10 ～ 15 天用赤霉酸浸穗处理。图 4-19 阳光玫瑰花穗在第一次无核处理后间隔 10 ～ 15 天，膨大处理。

图 4-19 阳光玫瑰花穗在第一次无核处理后间隔 10 ～ 15 天，膨大处理

四、夏黑无核化处理方法

第一次处理，新梢展叶 8 ～ 9 叶，花穗浸 12.5mg/L 赤霉酸，拉长花穗；第 2 次处理，在盛花期花穗浸 50mg/L 赤霉酸溶液或果穗浸 50mg/L 赤霉酸加 2.5mg/L CPPU（膨大剂）；第 2 次处理后 10 ～ 15 天，果穗浸 50mg/L 赤霉酸或果穗浸 50mg/L 赤霉酸加 5mg/L CPPU 进行第三次处理。

五、控制产量

（一）阳光玫瑰控产

1. 阳光玫瑰无核栽培控产标准

40cm 以上的新梢，每个新梢留 1 个果穗；40cm 以下的新梢不留果穗，每亩产量控制在 1000 ～ 1200kg。平均穗重 500g，每亩留 2000 ～ 2400 穗；平均穗重 600g，每亩留 1667 ～ 2000 穗。最终在第 2 次赤霉素处理前定穗。图 4-20 为阳光玫瑰无核栽培控产。

图 4-20　阳光玫瑰无核栽培控产

2. 阳光玫瑰无核栽培去穗方法

要剪去以下三种果穗：落花落果重，坐果少的果穗；穗形差的果穗；坐果太多，摘粒需太多时间的果穗。

（二）巨峰有核栽培控产

1. 巨峰有核栽培控产标准

中庸新梢（展叶 10 叶左右），1 根结果母枝留 1 穗（首先 1 根新梢留 1 穗，之后 1 根结果母枝留 1 穗）；强的新梢（先端的新梢），1 根新梢留 1～2 穗；强的新梢上的果穗坐果差或者形成无核果时，留下结果母枝基部弱新梢上坐果好的果穗，留 1 穗。每亩产量控制在 1000kg，平均果穗重 400g，每亩最终留果穗数 2500 穗。坐果确认后，尽早实施控产。

2. 巨峰有核栽培去穗方法

去有核果少的果穗；去着果粒多的果穗，减少疏粒用工；去有核果着生在 1 边的果穗。

（三）夏黑无核栽培控产

1. 夏黑无核栽培控产标准

先端强的新梢，1 根新梢留 2 穗；中庸新梢，1 根新梢留 1 穗；弱新梢不留穗。每亩产量控制在 1000～1500kg，平均果穗重 500～750g，每亩最终留果穗数 2000～3000 穗。最终在第 2 次赤霉素处理前定穗。

2. 夏黑无核栽培去穗方法

去有核果少的果穗；去着果粒多的果穗，减少疏粒用工；去有核果着生在 1 边的果穗。

六、疏粒

（一）阳光玫瑰无核栽培疏粒

预备疏粒：在坐果确认的基础上，第 1 次无核处理后 4～5 天开始调整轴长。

轴长调整标准是着粒轴长调整为5～6cm，剪去果穗上部支梗，利用果穗下部。果穗下部果粒数少，摘粒轻松省工。对穗尖着粒稀疏或者支梗之间间隔大的果穗，剪去穗尖，调整轴长。同时剪去向内侧生长的果粒及小粒果、受伤果。注意避开高温时间疏粒。

最终疏粒：第2次处理前后进行最终疏粒。轴长调整，以紧密的圆柱形为目标，果穗保留穗尖部，着粒轴长调整为7～8cm。每穗留30～38粒，肩部适当多留果粒，形成紧凑型的果穗。疏粒时，抓住轴，进行疏粒作业。疏粒作业应避开高温时间。图4-21为阳光玫瑰无核栽培疏粒。

图4-21　阳光玫瑰无核栽培疏粒

（二）巨峰有核栽培疏粒

着粒果穗轴长10cm，超过部分剪去，剪去2cm以内不着粒的支梗。肩部小支梗尽量在靠近同一层面。疏掉向外突出的果粒、无核果、小粒果，留下果梗粗的果粒。1穗留35粒左右，果穗重约400g。疏粒时，不要碰伤留下的果粒，去掉的果粒从小果梗基部把小果梗剪干净，不要留下梗角。图4-22为巨峰有核栽培疏粒。

图4-22　巨峰有核栽培疏粒

（三）夏黑无核栽培疏粒

着粒果穗轴长约 14～16cm，超过部分剪去，剪去 2cm 以内不着粒的支梗。肩部小支梗尽量靠近同一层面。疏掉向外突出的果粒、无核果、小粒果。每穗留 65～80 粒，果穗重 500～750g。疏粒时，不要碰伤留下的果粒，去掉的果粒从小果梗基部把小果梗剪干净，不要留下梗角。

七、套袋

套袋时间越早，效果越好，套袋颜色因品种、光照而异。摘粒完成后，套袋当天全园喷一遍药剂，防止炭疽病、白腐病及螨类危害，药液干后及时套袋。阳光玫瑰品种 2～4 年生幼树宜套绿色葡萄专用袋；5 年以上成年树，可套绿色葡萄专用袋，或者选用白色葡萄专用袋，但在葡萄园周围选用绿色葡萄专用袋，巨峰、夏黑品种选用白色葡萄专用袋。图 4-23 为巨峰葡萄套袋。

图 4-23　巨峰葡萄套袋

参考标准：

1. DB32/T 930—2006《葡萄全园套袋栽培技术规程》
2. DB32/T 602—2008《葡萄水平棚架式栽培生产技术规程》
3. DB32/T 2092—2012《葡萄花穗整形技术规程》
4. DB32/T 2817—2015《夏黑葡萄大棚促成栽培生产技术规程》
5. DB32/T 2967—2016《阳光玫瑰葡萄设施生产技术规程》

第五节　果实标准化采收

一、适时采收

用糖度和着色程度来决定葡萄采收期。不同品种糖度有高低，当浆果充分发育成熟，阳光玫瑰果皮呈浅绿色，表现出阳光玫瑰葡萄固有的香味和风味，可溶性固形物含量 18% 以上时采收。巨峰、夏黑果皮呈紫黑色，表现出品种固有的风味，可溶性固形物含量 16% 以上时采收。图4-24 为阳光玫瑰采收。

二、采收方法

早上果实温度低，适宜采

图4-24　阳光玫瑰采收

收。采收及分级包装时，尽量不要碰掉果粉，手不要直接接触果穗，抓住穗轴作业。另外，采收时用平底箱，果穗不要重叠。

采收下来的葡萄确认有无病、伤、烂果、裂果及小果粒等，如果有，剔除，不要伤及其他果粒。再分级包装。保鲜库贮存葡萄，保鲜

库温度控制在 -1 ~ 0℃，相对湿度为95%左右。

参考标准：

1. DB32/T 602—2008《葡萄水平棚架式栽培生产技术规程》
2. DB32/T 2817—2015《夏黑葡萄大棚促成栽培生产技术规程》
3. DB32/T 2967—2016《阳光玫瑰葡萄设施生产技术规程》
4. DB3211/T 1001—2019《地理标志产品丁庄葡萄》

第六节　标准化整形修剪

一、整形修剪

（一）阳光玫瑰、夏黑、巨峰无核栽培整形修剪方法

采用新"一"字型、"H"型、"WH"型、"王"字型整形。

1. 新"一"字型整形

图4-25为葡萄"一"字型整形。

图4-25　葡萄"一"字型整形

在水平棚架立柱顶端向下30cm处沿葡萄植株行向拉设一道10号镀锌铁丝拉线，作为新"一"字型主枝固定线，绑扎固定2根主枝。

第一年，定植后，在其北边固定1根竹竿，当小苗发芽后，选留2根健壮的新梢，当其中生长旺盛的1根新梢生长到约30cm时，把新梢绑扎到竹竿上，令其沿竹竿笔直向上生长，将另1根新梢从基部剪去。当新梢长至超过水平棚面以上15cm时，将其在主枝固定线以下5cm处摘心，在紧靠摘心口下部2节发生的2根副梢，笔直向上生长，当副梢生长到约50cm时，左右各一根绑扎固定在主枝固定线下方，使其沿着主枝固定线向前生长，作为第一主枝和第二主枝，边生长边绑扎固定。主枝延长头生长至7月下旬进行第一次摘心，摘心后最先端部发出的1根副梢继续向前生长，于8月下旬进行第二次摘心，摘心口第二、第三节发出的副梢留2～4叶反复摘心。主枝两侧发生的其余副梢，与主枝呈垂直角度，向架面上生长，并绑扎固定在水平棚架铁丝上，副梢生长达到约60cm时摘心。主干上发生的副梢留2～3叶反复摘心。从第二年开始在2根主枝上直接培养结果枝。第一年冬季修剪、长势旺盛的树，在8月下旬进行第二次摘心的位置修剪，枝条成熟度好并且粗度直径大于1cm时，在8月下旬进行第二次摘心的位置修剪；长势中庸及较弱的树，在7月下旬进行第一次摘心的位置修剪；长势特别弱的树，生长不良，主枝生长长度仅1m，先端粗度直径约0.8cm时，在主枝分叉部稍前的位置修剪。

第二年，主干上发生的新梢在萌芽时全部抹掉，从主枝先端部选择1根生长旺盛的新梢沿着主枝固定线向前生长，其余新梢与主枝呈垂直角度，向架面上生长，当生长到约55cm时开始绑扎，在棚面弯曲处的副梢从基部摘心，在棚面以上的副梢留2～3叶反复摘心，生长中庸和强的新梢使其结果，1根新梢留1穗果，生长弱的新梢剪掉花穗，成为空枝。主枝的摘心及副梢的管理同第一年的管理。第二年冬季修剪，主枝延长枝的修剪同第一年，主枝延长枝发生的副梢从基部修剪，结果母枝留1个芽，牺牲芽修剪，如果需要补充空间，留

2个芽，牺牲芽修剪。

第三年，第一主枝和第二主枝各生长6～9m，2根主枝合计总长度为12～18m，完成新"一"字型整形，三年以后从主枝先端和基部发生的新梢生长势出现差异，对从主枝基部发生强势新梢，展叶7～8片时摘心，抑制其生长势。一年生枝、二年生枝的修剪同第一年、第二年的修剪。

2. "H"型整形

图4-26为葡萄"H"型整形。

图4-26　葡萄"H"型整形

第一年，定植后，选长势强的1根新梢笔直向上诱引生长，当新梢长至棚面时，在棚面下20cm处将新梢在无卷须的节位摘心，以无卷须的节位发生的副梢作为第一主枝，以紧接着下一节有卷须的节位发生的副梢作为第二主枝，第二主枝生长一节后，再一次摘心。第二主枝以下副梢全部抹去。第一、第二主枝不断生长，分别在2根主枝的两侧距离主干1.1～1.5m处，在无卷须的节位摘心，依次培养第一至第四亚主枝，边生长边绑扎固定，亚主枝延长头生长至7月下旬进行第一次摘心，摘心后最先端部发出的副梢继续向前生长，于8月下旬进行第二次摘心，摘心口第二、第三节发出的副梢留2～4叶反复摘心。亚主枝两侧发生的其余副梢，与主枝呈垂直角度，并绑扎固定在水平棚架铁丝上，副梢生长达到约60cm时摘心。第一年冬季修剪，剪去亚主枝生长量的一半。

第二年，培养4根亚主枝，亚主枝不断生长，亚主枝的摘心及副梢的管理同第一年的管理。第二年培养树形为主，适量挂果或者不挂果。第二年冬季修剪，主枝延长枝留15～18个芽修剪，主枝延长枝发生的副梢从基部修剪，结果母枝留1～2个芽，牺牲芽修剪。

第三年至第四年，培养4根亚主枝，各亚主枝生长5～7m，完成"H"型整形，冬季修剪，主枝延长枝留15～18个芽修剪，主枝延长枝发生的副梢从基部修剪，结果母枝留1～2个芽，牺牲芽修剪。

3. "WH"型整形

图4-27为葡萄"WH"型整形。

图4-27 葡萄"WH"型整形

第一年，定植后，选长势强的1根新梢笔直向上诱引生长，当新梢长至棚面时，缓缓弯曲向棚面某个方向生长，作为第一主枝，以在棚面下30～50cm处发生的副梢作为第二主枝，与第一主枝呈相反方向生长，边生长边绑扎固定，第一、第二主枝生长至7月下旬进行第一次摘心，摘心后最先端部发出的副梢继续向前生长，于8月下旬进行第二次摘心，摘心口第二、第三节发出的副梢留2～4叶反复摘心。主枝两侧发生的其余副梢，与主枝呈垂直角度，并绑扎固定在水平棚架铁丝上，副梢生长达到约60cm时摘心。第一年冬季修剪，第一主枝棚面上留2m修剪，第二主枝棚面上留1m修剪。

第二年，第一主枝先端发生的新梢（第一新梢）和第二个芽发生的第二新梢，如果生长旺盛，分别在2根主枝的两侧距离主干3.3～4.5m处，分别培养成"WH"型的外侧主枝。这2根新梢在生育期绿枝阶段，缓缓弯曲诱引。另外，内侧主枝新梢向基部方向反回诱引。这时，对主枝生长有影响的新梢进行抹除或者摘心，避免影响主枝生长。如果内侧主枝相邻二节配置，会造成外侧主枝成为失败枝，因此内侧主枝必须间隔二节以上从前面返回培养。冬季修剪，主枝延长枝留15～20个芽修剪。

第三年，第三年树形形成骨架。第一主枝先端生长的新梢笔直诱引，向前生长，生长到25个芽时摘心，另外，副梢留2～4叶摘心。冬季修剪，主枝延长枝留15～20个芽修剪。第二主枝的管理与第二年第一主枝的管理相同。

第四年，主枝延长枝笔直生长，不断诱引，生长到25个芽时摘心。冬季修剪，主枝延长枝留15～20个芽修剪。

第五年以后，主枝一侧生长5～7m，完成树形。

4."王"字型整形

图4-28为葡萄"王"字型整形。

图 4-28　葡萄"王"字型整形

第一年，定植后，选长势强的 1 根新梢笔直向上诱引生长，当新梢长至棚面时，缓缓弯曲向棚面某个方向生长，作为第一主枝，以在棚面下 30 ~ 50cm 处发生的副梢作为第二主枝，与第一主枝呈相反方向生长，边生长边绑扎固定，第一、第二主枝生长至 7 月下旬进行第一次摘心，摘心后最先端部发出的副梢继续向前生长，于 8 月下旬进行第二次摘心，摘心口第二、第三节发出的副梢留 2 ~ 4 叶反复摘心。主枝两侧发生的其余副梢，与主枝呈垂直角度，并绑扎固定在水平棚架铁丝上，副梢生长达到约 60cm 时摘心。第一年冬季修剪，第一主枝棚面上留 2m 修剪，第二主枝棚面上留 1m 修剪。

第二年，第一主枝先端发生的新梢（第一新梢）和第二个芽发生的第二新梢，如果生长旺盛，分别在 2 根主枝的两侧距离主干 2.2 ~ 3.0m 处，培养成"王"字型的外侧主枝。这 2 根新梢在生育期绿枝阶段，缓缓弯曲诱引。另外，内侧主枝新梢向基部方向反回诱引。这时，对主枝生长有影响的新梢进行抹除或者摘心，避免影响主枝生长。内侧主枝配置在主枝二侧，每一主枝各配置一根，分支点距离第一、第二主枝基部 50cm 左右。冬季修剪，主枝延长枝留 15 ~

20个芽修剪。

第三年，第三年树形形成骨架。第一主枝先端生长的新梢笔直诱引，向前生长，生长到25个芽时摘心，另外，副梢留2～4叶摘心。冬季修剪，主枝延长枝留15～20个芽修剪。第二主枝的管理与第二年第一主枝的管理相同。

第四年，主枝延长枝笔直生长，不断诱引，生长到25个芽时摘心。冬季修剪，主枝延长枝留15～20个芽修剪。

第五年以后，主枝一侧生长5～7m，完成树形。

5. 冬季修剪

选择木质化程度高，基部粗度1.0～1.9cm，芽眼饱满的枝条为结果母枝，结果母枝留1～2个芽，采用牺牲芽修剪。图4-29为葡萄短梢修剪。

图4-29　葡萄短梢修剪

（二）巨峰葡萄有核栽培整形修剪方法

采用"X"型整形修剪，如图4-30所示。

图4-30 葡萄"X"型整形修剪

第一年，苗木定植时留30～40cm回缩修剪，定植后引缚在竹竿上，发芽后选留2根健壮的新梢，其中长势最好的一根新梢引缚到竹杆上，令其笔直向上生长，生长至棚面50cm，从竹竿上松绑，向棚面某个方向诱引，培养成第一主枝，另一根新梢生长至30cm时摘心。在棚面下30～50cm处选留与第一主枝呈相反方向生长的副梢培养成第二主枝。如当年无合适副梢时，也可在翌年萌发的新梢中选留第二主枝。需要注意的是，不要选留太强的副梢或新梢作为第二主枝。第一与第二主枝的势力根据枝条的粗度、长势来判断，选择第一主枝与第二主枝粗度比为7：3为宜。定植当年第一主枝上棚后于8月下旬摘心，在棚上的副梢留8～10叶反复摘心，在棚下的副梢留2～3叶摘心。冬季修剪时，主枝生长好的情况下，回缩修剪主枝生长量的 1/3 ~ 2/5。主枝生长不良的情况下，回缩修剪主枝生长量的 1/2。副梢根据枝条成熟度修剪。

第二至第四年，使第一主枝和第二主枝先端沿棚面相反方向水平笔直生长，主枝先端的新梢长势一定强于该主枝上发生的所有其他新梢的长势，保持先端优势。在抹芽时，可抹去先端第 2 ~ 3 个芽，另外在主枝基部发生的新梢诱引时与主枝方向垂直，缓和其生长势，再将这些枝条上挂果，对强的新梢进行摘心。第三至四年分别在第一主枝和第二主枝上，距离主干分岐点 1.5 ~ 2.5m 处选留第三主枝和第四主枝，分岐点的角度为 100° ~ 110°。和选留第一主枝与第二主枝一样，第一主枝与第三主枝、第二主枝与第四主枝粗度比为 7：3。这个时期选留从主干开始至主枝分岐点止发生的枝作为临时结果枝使用。冬剪时，适当疏剪主枝上间隔较近的枝条，主枝的修剪量略强于其他枝条，为伸长长度的 3/10。其他枝条的修剪量为伸长长度的 1/5。

第五至第六年，是在 4 根主枝上培养亚主枝、侧枝的时期，4 根主枝决定后，在每根主枝上配置 2 ~ 3 根亚主枝，各亚主枝上左右配置几根侧枝。这个时期可依次疏剪临时结果枝，空档部分将结果枝返回填补。但总体来讲，这个时期仍然算完成"X"型整形。这个时期的特点是填补空档的返回枝及临时结果枝最能有效利用的时期，成年树以后在侧枝等较小的范围内使用填补空档的返回枝，不再使用临时结果枝。第四至第六年，树势非常旺盛，易发生徒长枝，特别是近树冠内部基部处更易发生徒长枝，因此将内部枝条剪去，保持主枝先端长势及平衡，尽量不要出现先端竞争枝。

成年期，这个时期主枝先端不旺长，树冠扩大停止，同时靠近主干的枝变强，因此为了不使主枝、亚主枝生长势变弱，对生长势强的枝将先端枝返回。另外，修剪时采用弱修剪缓和枝的长势。这个时期可疏去临时结果枝，空档部分用亚主枝、侧枝填补。如果主枝、亚主枝、侧枝的先端生长变弱时，将从基部发生的强枝改换为先端。

参考标准：

1. DB32/T 602—2008《葡萄水平棚架式栽培生产技术规程》

2. DB32/T 2091—2012《葡萄"H"型极短梢整形修剪栽培技术规程》

3. DB32/T 2817—2015《夏黑葡萄大棚促成栽培生产技术规程》

4. DB32/T 2967—2016《阳光玫瑰葡萄设施生产技术规程》

第七节 土肥水标准化管理

一、土壤管理

(一)改土

1. 改土的时间

改土主要在采果后结合秋施基肥进行。

2. 改土方式

(1)条沟改土。由定植行逐年向行间开挖深0.5m、宽0.6m的施肥沟，将有机物及腐熟有机肥等与土完全混合均匀。

(2)放射沟改土。成年树树干向外开挖深0.5m、宽0.6m，长1.5m的放射状施肥沟，将有机物及腐熟有机肥等与土完全混合均匀。

(3)环状沟改土。成年树树干向外开挖深0.5m、宽0.6m环状施肥沟，将有机物及腐熟有机肥等与土完全混合均匀。

(二)草生栽培

瘠薄的土壤及黏土或坡地，地面土壤管理适合采用草生栽培。草生长高度约30cm时必须及时割草。图4-31为葡萄园草生栽培。

(三)土壤覆盖

5月底，用稻草等有机物覆盖树盘或全园，覆盖厚度0.2～0.3m，夏季降低地温，保持土壤湿度，有利于根系生长，也可覆盖除草布，抑制杂草生长，降低土壤湿度。图4-32为葡萄园覆盖除草布。

图 4-31　葡萄园草生栽培

图 4-32　葡萄园覆盖除草布

二、施肥

（一）基肥

施用时间为 9 月底至 10 月底，以腐熟的鸡粪、猪粪等有机肥为主，混合过磷酸钙，幼树每亩施有机肥 1000kg ～ 1500kg，成龄树每亩施有机肥 1500kg ～ 2000kg，过磷酸钙 50kg ～ 100kg。采用条沟、放射沟或环状沟方法施入。图 4-33 为葡萄园条沟施肥。

（二）追肥

果实膨大期和浆果软化初期，每亩施复合肥 25kg，硫酸钾 20kg，采用沟施。在着色初期，结合防病叶面喷施 0.2% 磷酸二氢钾，间隔 10 天左右再喷施 1 次。

图 4-33 葡萄园条沟施肥

三、灌水和排水

（一）灌水

1. 灌水时期

树液流动期，灌水提高萌芽率。

萌芽期至开花期，发芽后，降雨少的情况下，1星期灌水1次。充分灌水，促进新梢生长，另外，开花前特别干旱，出现较长时间的高温干旱天气，要灌透水，防止干旱，使土壤水分能保持到坐果稳定后。开花期切忌灌水，以防加剧落蕾落花。无籽栽培，赤霉素处理前后干旱时，傍晚灌水。

坐果后至浆果硬核期，坐果后5天灌水1次。进入7月，浆果软化至成熟期，为防止土壤过度干旱，宜小水灌溉。

果实采收后，干旱天气10天灌水1次。

2. 灌水方法

灌水的方式有浇灌、小灌促流、沟灌、滴灌等，丘陵岗坡干旱宜采用小灌促流或滴灌，减少水的用量，降低葡萄园湿度。图4-34为小灌促流，图4-35为滴灌。

图4-34 小灌促流

图 4-35 滴灌

（二）排水

用明沟或暗沟排水，外围排水沟深度 1m，另外，提高畦面高度，使根系分布 0.4m 左右的土层不积水。

参考标准：

1. DB32/T 1154—2007《美人指葡萄避雨栽培生产技术规程》

2. DB32/T 602—2008《葡萄水平棚架式栽培生产技术规程》

3. DB32/T 2817—2015《夏黑葡萄大棚促成栽培生产技术规程》

4. DB32/T 2967—2016《阳光玫瑰葡萄设施生产技术规程》

第八节 病虫害防控技术

一、防控方法

（一）农业防治

1. 选择抗病虫害的优良葡萄品种和脱毒苗木。引入的苗木、插条等要进行检疫。

2. 根据品种特性选择栽培方式，有条件采用棚架避雨栽培；重视测土配方施肥、增施农家肥、生物有机肥和磷钾肥、补充钙镁硼肥；合理疏花疏果，适当提高结果部位；园内枝蔓不郁闭，保持通风透光良好。

3. 葡萄生长期间，实施节水灌溉，采用小管促流、滴灌设施。

4. 清洁田园。休眠期结合冬剪，剪除有病虫枝蔓，刮剥老枯皮，清除枯枝落叶集中烧毁或深埋。生长期及时剪除病果、病枝、病叶，并带出果园销毁。

（二）物理防治

1. 诱杀。采用黄蓝板、糖醋瓶、杀虫灯等诱杀害虫。图 4-36 为黄蓝板诱杀害虫，图 4-37 为杀虫灯等诱杀害虫。

图 4-36　黄蓝板诱杀害虫

图 4-37　杀虫灯等诱杀害虫

2. 覆盖阻隔。地面覆盖作物秸秆或垄面覆盖银黑地膜等，防止土壤湿度变幅大。棚上设置防鸟网。

3. 套袋。实行全园果穗套袋。

4. 趋避。害虫发生前，结合防病，用 1∶2∶160 波尔多液（硫酸铜 1kg，生石灰 2kg，水 160kg）喷雾，连续 2 次，间隔 15 天。

（三）生物防治

1. 采取摇动树枝让成虫掉落在地上，人工捕捉收集处理；果园里放养鸡、鸭等家禽，捕食害虫。

2. 保护七星瓢虫、龟纹瓢虫、草蛉、食蚜蝇等天敌来控制害虫数量。

3. 在葡萄田间挂设斜纹夜蛾、透翅蛾等性诱器，每 667m² 放置 1～2 只性诱器。诱捕器的最佳使用高度 1.2m，每 2～3 天清理一次诱杀的蛾子，20 天左右及时更换诱芯。

4. 在葡萄开花后每隔20 ~ 30 天，结合防病喷施2 ~ 4 次0.14%赤·吲乙·芸苔可湿性粉剂（碧护）15000 倍液，或0.003%丙酰芸苔素内酯水剂3000 ~ 5000 倍液，或0.01% 芸苔素内酯可溶液剂2000 ~ 3000 倍液等生物制剂，以及氨基酸钙或含海藻素等生物叶面肥，抗逆助壮，增强植株防病能力。

5. 使用中等毒性以下微生物源、植物源、动物源农药。

（四）化学防治

使用低毒、高效化学药剂防治葡萄病虫害。

二、葡萄主要病虫害防控

（一）葡萄黑痘病（又名疮痂病或鸟眼病）

1. 症状

葡萄黑痘病自葡萄萌芽后直到生长后期均可发生为害。图 4-38 为葡萄黑痘病。它主要为害葡萄幼嫩部分，如新梢、幼叶、叶柄、幼果、果梗、卷须等。幼叶感病，初期出现红褐色斑点，以后逐渐扩大成圆形或不规则形，中央灰白，周边紫褐色。后期病斑中央叶肉干枯

图 4-38　葡萄黑痘病

破裂，叶片出现穿孔，常使叶片扭曲、皱缩。新梢、叶柄、果梗及卷须感病，出现褐色圆形小病斑，病斑逐渐扩大呈不规则形，病斑周缘深褐色，中心灰白凹陷。病部组织坏死僵硬干裂，病斑上部枝蔓皱缩扭曲、不能正常发育，甚至枯死。幼果感病，初期为深褐色斑点，周边为紫褐色，中央为灰白色，稍凹陷，似"鸟眼"状，故又称鸟眼病。发病严重时，一粒果实上多个病斑连在一起，形成大斑。后期病斑组织硬化龟裂，果粒小而酸，不堪食用，失去经济价值。

2. 发病规律

病原菌以菌丝体在病枝、病叶、病果及病叶痕处越冬，次年春季条件适宜时，产生分生孢子，借风雨传播，侵染嫩叶、新梢，进行初次侵染。以后病部再产生分生孢子，对果穗等其他幼嫩部分，进行多次重复侵染，导致病害流行。病原菌生活力很强，可在病组织内存活3～5年。病菌近距离传播主要靠雨水，远距离传播则通过带病的苗木及接穗、插条。病菌分生孢子形成的最适宜温度为20℃～30℃，病菌潜育期一般为3～10天。多雨、高湿有利于分生孢子的形成、传播和萌发侵染，同时又造成寄生组织生长迅速，组织幼嫩，发病严重。

3. 防治方法

（1）清除病源。秋季落叶后结合修剪，彻底剪除病枝，摘除病果、病梢，彻底清除地面枝、叶、僵果等带病体，将其烧毁或深埋，以减少菌源。

（2）科学管理。间伐过密植株，使通风透光良好；雨后及时排水，防止园内积水，降低果园湿度；增施磷、钾肥，提高植株抗病力；控制产量、合理负载，培养健壮树体，增强植株抗病力。

（3）苗木消毒。引进插条或苗木时，必须进行消毒处理后方可定植。将捆好的苗木或插条放在10%～15%硫酸铵溶液中浸泡3～5分钟，取出后进行定植。

（4）药剂防治。萌芽前可喷一次波美5度石硫合剂或1：50倍晶体石硫合剂，芽鳞片脱落露出绒毛时再喷一次波美 2 度石硫合剂或 1∶100 倍晶体石硫合剂，以铲除枝蔓上的越冬菌源。生长期选用 65％代森锌可湿性粉剂 500 ～ 600 倍液、5％亚胺唑（霉能灵）可湿性粉剂 800 倍液、40％氟硅唑乳油 6000 ～ 8000 倍液、10％苯醚甲环唑水分散粒剂 1500 倍液等药剂中的一种均匀喷雾。

（二）葡萄灰霉病

1. 症状

葡萄灰霉病主要为害花序、幼果和已成熟的果实，也可为害新梢、叶片和果梗。花序、幼果感病后，初期呈淡褐色、水渍状病斑，很快变暗褐色、软腐，空气潮湿时病穗上长出一层灰色霉状物。空气干燥时病穗失水干枯、脱落。果实着色后感病，果面出现褐色凹陷病斑，扩展后整个果实软腐，并使糖分降低，果粒极易开裂，并长出鼠灰色霉层和黑色块状菌核，整穗葡萄失去经济价值。新梢、叶片感病后，产生淡褐色不规则病斑，叶片上的病斑有时产生轮纹，病部产生灰色霉层。图 4-39 为葡萄灰霉病。

图 4-39　葡萄灰霉病

2. 发病规律

葡萄灰霉病是以菌核和菌丝体在病穗、病枝叶和冬芽内越冬。春天，温湿度条件适宜时，越冬的菌核和菌丝体产生分生孢子，分生孢子通过气流传播到叶片和幼嫩花穗上，进行初次侵染。初次侵染发病后又长出大量新的分生孢子，分生孢子从孢子梗上脱落，靠气流传播，进行多次再侵染。菌丝的发育适温为23℃左右。多雨、潮湿和15℃～20℃的气温适宜灰霉病的发生。该病有两个明显的发病期，第一发病期在开花前至花谢后，这时低温高湿易引起葡萄灰霉病大发生，造成大量落花落果，成为毁灭性病害；第二个发病期在浆果着色至成熟期，病菌侵入浆果后，造成烂果。

3. 防治方法

（1）清除病源。秋冬季节清除田间病残体，将其烧毁深埋，以减少菌源。春季发病后，应仔细摘除和拣拾病花穗，以减少再侵染的病源。

（2）加强栽培管理。增施有机肥，控制速效氮肥的施用，防止枝梢徒长，抑制营养生长，生长期适当进行修剪，使通风透光良好，搞好排水系统，降低田间湿度。落花后除去未脱落花冠，摘粒时注意不要碰伤果粒，摘下的果粒深埋土壤中。

（3）苗木消毒。引进苗木时，必须消毒后方可定植。

（4）药剂防治。于开花前、开花后及发病初期，生物药剂选择用3亿活孢子/g哈茨木霉菌可湿性粉剂600倍液、3%多抗霉素水剂800倍液、0.3%丁子香酚可溶液剂800倍液、1000亿活孢子/g枯草芽孢杆菌可湿性粉剂500～1000倍液等其中之一进行喷雾防治。化学药剂可在50%嘧菌环胺水分散粒剂2000倍液、50%啶酰菌胺水分散粒剂1200倍液、42.4%吡唑·氟酰胺悬浮剂2000倍、40%嘧霉胺悬浮剂1000倍液等药剂中选择一种进行喷雾。

（三）葡萄白粉病

1. 症状

葡萄白粉病可为害叶、果、蔓等，但以幼嫩组织最易感染。

叶片发病，叶色褪绿或呈灰白斑块，上覆白粉，叶面不平，病斑轮廓不整齐，病斑大小不等。发病严重时，白粉层可蔓延到整个叶表面，影响光合作用，逐渐使叶片卷缩，枯萎脱落。幼果发病，先出现褪绿斑，再出现黑色星芒状花纹，上覆一层白粉，病果不易增大，有时变畸形，味酸，不能成熟。若发病较晚，即使果实着色，但变硬，味极酸，在多雨情况下，病果易开裂，果肉外露，极易被腐生菌感染而腐烂。新梢、果梗及穗轴发病，表面呈黑褐色网状花纹，上覆盖白色粉状物，受害的穗轴、果梗变脆，极易折断。图4-40为葡萄白粉病。

图4-40　葡萄白粉病

2. 发病规律

葡萄白粉病以菌丝体在寄主的被害组织内或芽鳞片内越冬。第二年春天在适宜的条件下产生分生孢子，借风雨传播到寄主表面，在较低的空气湿度下，分生孢子发展最快。干旱的夏季或闷热多云的天气有利于病害的发生和流行。另外，栽植过密，氮肥过多，枝叶徒长，通风透光不良等有利葡萄白粉病的发生。嫩叶幼果易感病，叶片老熟，果粒着色后，很少发病。

3. 防治方法

（1）清除病源。结合修剪去除病蔓、病芽、病果，减少越冬病源。

（2）加强栽培管理。及时摘心绑枝，剪副梢，使葡萄枝蔓均匀分布于架面上，保持通风透光。合理施肥、灌水，防止植株旺长，造成诱发病害发生的条件。

（3）药剂防治。春天葡萄芽萌动后，喷波美 3 ~ 5 度石硫合剂，可铲除越冬病菌。生长期或发病初期，生物药剂可在 4% 嘧啶核苷类抗生素水剂 400 倍、1000 亿活孢子/g 枯草芽孢杆菌可湿性粉剂 1000 倍液、2 亿活孢子/g 哈茨木霉菌可湿性粉剂 600 倍液、2% 武夷菌素水剂 200 倍液等药剂中选择一种。防治化学药剂可在 42.8% 氟菌·肟菌酯悬浮剂 2000 倍、36% 硝苯菌酯乳油 1000 倍、25% 醚菌酯悬浮剂 2000 倍液、25% 乙嘧酚悬浮剂 1000 倍液、30% 氟环唑悬浮剂 2000 倍液等药剂中选择一种。叶背、叶面均要喷到。

（四）葡萄白腐病

1. 症状

葡萄白腐病主要为害果穗，也能为害新梢、叶片。果穗感病，首先在小果梗或穗轴上发生浅褐色、水渍状、不规则的病斑，后呈软腐状，并逐年蔓延至整个果穗。果粒发病，先在果粒基部变褐色软腐，迅速使整个果粒变褐腐烂，但果粒形状不变，在腐烂的果粒上密布白色小粒点，即病菌的分生孢子器，然后颜色逐渐变深褐色、失水皱缩、干枯成僵果。发病严重时，常使整穗腐烂，受震动时病粒或整个病穗脱落。但有时因失水干缩成有明显棱角的僵果，整个病穗悬挂在树上长久不落。新梢发病，一般出现在有伤口的部位，如摘心部位或机械伤口处。发病初期，病斑呈水浸状淡褐色，然后病斑向上下两端扩展，并逐渐变为暗褐色、边缘为深褐色、稍凹陷的病斑，并在病斑表面密生灰白色小粒点。当病部环绕枝蔓一周时，病部常常露出木质部，致使新梢养分往下输送受阻，而在病斑上端产生愈伤组织，形成不规则的瘤，并使瘤上端枝蔓叶片变黄，逐渐枯死。叶片发病，多从叶尖、叶缘开始，病斑初期呈水渍状，淡褐色近圆形或不规则形斑点，后逐渐扩大成具有颜色深浅不同的轮纹状的大斑，病斑有时也着生灰白色小粒点。白腐病菌无论侵染果实、穗轴、穗柄还是新梢，其病部都呈软腐状，用手触摸时易破裂，并都有一种特殊的霉烂味，这是该病与其他病害相区别的主要标志。图4-41为葡萄白腐病。

图4-41　葡萄白腐病

2. 发病规律

白腐病菌主要以分生孢子器和菌丝体在病果和病枝上越冬，残留在树上散落在土壤中的病残体是第二年的初次侵染源。第二年初夏遇雨后，分生孢子靠雨水溅散而传播到当年生枝蔓和果实上，通过伤口和自然孔口侵入组织内，引起初次侵染。高温、高湿的气候条件是病害发生和流行的重要因素。发病季节降雨量越大、降雨次数越多、降雨持续时间越长，病菌萌发侵染的机会越多，发病率也就越高。7、8月份高温、阴雨连绵或暴风雨过后，果梗、果穗受伤，常能导致葡萄白腐病流行。

3. 防治方法

（1）清除病源。在葡萄生长季节中，要及时彻底摘除病果、病叶及病蔓，集中烧毁或深埋。秋冬季节，结合修剪彻底清扫果园。

（2）加强栽培管理。改善果园通风透光条件，降低果园湿度。要及时剪除副梢和摘心，疏除过密新梢，使植株受光充分，这样既可降低园内湿度，又利于喷药保护果穗。葡萄园地势低洼时，要设法改良土壤质地，加强排水设施，降低田间湿度。合理施肥，增施有机肥，控制氮肥，使树体健壮而不徒长，合理调节负载量，提高树体抗病力。

（3）套袋。套袋既能提高果品质量，又能防止病菌侵染，减少农药喷施。

（4）药剂防治。休眠期于葡萄发芽前对整个植株喷一遍波美5度石硫合剂，可铲除越冬病菌。生长期防治：生物药剂选用2%武夷菌素水剂200倍液、3%多抗霉素水剂800倍液、10亿活孢子/g解淀粉芽孢杆菌可湿性粉剂500倍液等其中之一进行预防。化学药剂选用60%嘧菌·代森联水分散粒剂1000倍液、40%氟硅唑乳油6000倍液、250g/L戊唑醇水乳剂1500倍液、68.7%恶唑菌酮水分散粒剂1000倍液等其中一种均匀喷雾。

（五）葡萄炭疽病

1. 症状

此病又名晚腐病，主要为害葡萄果实，一般只发生在着色或近成熟的果实上，但是病菌也能侵染绿果、蔓、叶和卷须等，不表现明显的症状。着色后的果实发病，起初在果面上产生针头大小的褐色圆形的小斑点，以后逐渐扩大，并凹陷，在病斑表面逐渐长出轮纹状排列的小黑点，为病菌的分生孢子盘。当天气潮湿时，病斑上长出粉红色黏质物，即病菌的分生孢子团块。发病严重时，病斑可扩大到半个或整个果面，果粒软腐，易脱落，或逐渐干缩成僵果。有时病菌自幼果期侵入，长期潜伏，不表现症状，直到果实成熟期才表现出症状，蔓延迅速。病菌侵染穗轴，产生暗褐色长圆

图 4-42　葡萄炭疽病

形、凹陷的病斑，影响果穗的生长，严重时能使病部以下的果穗干枯脱落，叶柄上症状与果梗上症状相似。图 4-42 为葡萄炭疽病。

2. 发病规律

葡萄炭疽病菌有潜伏侵染特性。当病菌侵入绿色组织后，即行潜伏、滞育、不扩展，直到寄主衰弱后，病菌重新活动而扩展。病菌主要以菌丝体在一年生枝蔓表层组织中及病果上越冬。第二年春天环境条件适宜时，带菌枝上产生分生孢子，借风雨传播，当带有分生孢子的雨水滴落到果实上，便引起初次侵染。夏季多雨，病害常常严重发生。此外，果园排水不良，架式过低，枝叶过密，通风和透光不良等条件，都有利于发病。炭疽病也是贮藏期间的常见病害，带病或潜伏带病果穗用于贮藏也会出现病症，导致果实腐烂。

3. 防治方法

（1）清除病源。结合冬季修剪，剪除植株上的穗梗、僵果和架面上的副梢、卷须等，并把落在地面上的枯枝落叶、果穗等彻底清

除，集中烧毁或深埋，以减少果园内病菌来源。

（2）加强栽培管理。生长期要及时摘心，及时绑枝，使架面枝条分布合理，使果园通风良好。科学施肥，提高植株抗病力，合理负载，培养健壮树体，增强植株抗病力。完善果园排水系统，防止园内积水，降低果园湿度。

（3）果实套袋。6月上旬进行果实套袋。套袋前喷一次杀菌剂，待药液干后及时套袋，果实套袋能有效地防止炭疽病发生，并且能提高葡萄外观品质。

（4）药剂防治。发芽前树体地面喷一次波美5度石硫合剂，或45%晶体石硫合剂30倍，能消灭越冬的多种病源。生长期至开花前选用86.2%氧化亚铜（铜大师）水粉散粒剂1500倍液、石灰半量式240倍液的波尔多液等矿物源农药，或80%代森锰锌可湿性粉剂700倍液等进行防治。果穗结果期或套袋前，生物药剂选用1000亿活孢子/g枯草芽孢杆菌可湿性粉剂500～1000倍液、4%嘧啶核苷类抗生素水剂400倍、3%中生菌素可湿性粉剂500倍液、2%春雷霉素水剂500倍液等药剂中的1～2种进行防治。化学药剂选用75%肟菌·戊唑醇水分散粒剂3000倍液、60%吡唑·代森联水分散粒剂1200倍液、25%咪鲜胺乳油1000倍液、25%抑霉唑水乳剂1000倍液等药剂中的1～2种进行防治。注意：果穗套袋的时间要在套袋前一周和晴好天气前一天，共两次，均匀周到，以喷雾果穗为主。

（六）葡萄霜霉病

1. 症状

葡萄霜霉病主要为害叶片，也能为害新梢、卷须、穗轴及幼果。叶片受害后，初期呈半透明、边缘不清晰的油渍状小斑点，继而常相互联合成大块病斑，多呈黄色至褐色多角形。空气潮湿时，病斑背面产生一层白色的霉状物，这就是病原菌的孢子囊梗和孢子囊，后期病斑变褐焦枯，病叶易提早脱落。幼果感病，病幼果变灰色，果粒和果梗表面密生白色霜状霉层，不久就干枯脱落。果实长到豌豆粒大时感病，最初呈现红褐色斑，然后僵化开裂。果实着色后，病菌就不再侵染。新梢、卷须、穗轴发病时，开始为透明油渍状斑点，后发展为黄色至褐色微凹陷的病斑，空气潮湿时，病斑表面产生白色霜霉层，病梢生长停止、扭曲，甚至枯死。图 4-43 为葡萄霜霉病 1，图 4-44 为葡萄霜霉病 2。

2. 发病规律

葡萄霜霉病菌以卵孢子在病叶、病枝等病残组织中越冬。在葡萄整个生长期内，只要环境条件适宜，病菌不断产生孢子囊，进行重复侵染，使病害流行。连续低温阴雨，易引起该病的发生和流行。果园地势低洼、排水不良、植株和枝叶过密、通风透光不良，都容易造成发病。

图 4-43　葡萄霜霉病 1

图 4-44　葡萄霜霉病 2

3. 防治方法

（1）清除病源。冬季结合修剪，剪除病枝，清扫落叶，集中烧毁或深埋，以减少果园内病菌来源。

（2）加强栽培管理。间伐过密植株，使果园通风透光，完善排水系统，防止园内积水，降低果园湿度。避免偏施氮肥，增施磷、钾肥，提高植株抗病力。控制产量、合理负载，培养健壮树体，增强植株抗病能力。

（4）药剂防治。萌芽前全园喷布波美 3～5 度石硫合剂，或45% 晶体石硫合剂 30 倍液进行病菌铲除。果穗套袋后交替使用1：0.7：200 波尔多液、35% 碱式硫酸铜悬浮剂 400 倍液等，每隔10～15 天喷布一次，进行叶面保护，预防病害发生。发病初期，生物药剂选用 3 亿活孢子/g 哈茨木霉菌可湿性粉剂 600 倍液、2.1% 丁子·香芹酚水剂 500～600 倍液、8% 宁南霉素水剂 2000 倍液等。化学药剂选用 42% 丙森锌可湿性粉剂 400 倍液、72% 霜脲氰·锰锌600倍液、40%烯酰·嘧菌酯悬浮剂3000倍液、25%吡唑醚菌酯乳油2000倍液、80%烯酰·霜脲氰水分散粒剂5000倍液、23.4%双炔酰菌胺悬浮剂1500～2000倍液等。

（七）葡萄褐斑病

1. 症状

葡萄褐斑病仅为害叶片。叶片上有两种褐斑病：一种是大褐斑病，病斑直径3～10mm，病斑中央黑褐色，边缘褐色，叶背病斑黑褐色。发病严重时，一片叶上病斑可达数十个，常融合成不规则形大斑。后期病斑背面产生深褐色霉状物，为病菌的分生孢子梗和分生孢子。病叶往往干枯、破裂、提早脱落。另一种是小褐斑病，病斑小，直径2～3mm，大小较一致，呈深褐色，中央颜色稍浅，后期病斑背面长出一层黑色霉状物。叶片发病严重时易焦枯脱落。图4-45为葡萄褐斑病。

图4-45　葡萄褐斑病

2. 发病规律

大、小褐斑病的发病规律基本相同。病原菌都是以落叶中的菌丝体和分生孢子越冬。第二年初夏在落叶上产生新的分生孢子，然后新旧分生孢子借风雨传播，在潮湿的情况下，孢子萌发从叶背气孔侵入，病菌的潜育期为 20 天左右，通常是近地面的叶片先发病，然后经过多次再侵染，逐渐向植株上部蔓延。高温、高湿的气候条件，是葡萄褐斑病发生和流行的主要因素。

3. 防治方法

（1）清除病源。结合冬季修剪，彻底清除果园落叶，集中烧毁或深埋，以减少越冬病源。

（2）加强栽培管理。在葡萄生长期及时新梢绑扎，疏除过密枝，增加通风透光；完善排水系统，降低果园湿度；增施有机肥，控制留果量，使树体生长健壮，提高植株抗病力，以减轻病害的发生。

（3）药剂防治。结合防治葡萄黑痘病、炭疽病、白腐病进行喷药防治。在 0.5% 小檗碱水剂 500 倍、65% 代森锌可湿性粉剂 500 倍、25% 嘧菌酯悬浮剂 2000 倍、5% 已唑醇悬浮剂 1500 倍液等药剂中，选用 1 种均匀喷雾。

（八）葡萄透翅蛾

1. 症状

葡萄透翅蛾幼虫蛀食葡萄新梢和多年生枝蔓，幼虫蛀入枝蔓后，为害髓部，在茎内形成长的孔道，在蛀口附近常堆有大量虫粪，被害枝蔓膨大变粗，妨碍树体营养输送，上部叶片变黄枯死。被害枝易折断，使植株生长衰弱，降低果品产量和品质。图 4-46 为葡萄透翅蛾。

图 4-46　葡萄透翅蛾（李世诚图）

2. 发生规律

在南北方葡萄产区，葡萄透翅蛾一年均发生一代，以老熟幼虫在葡萄枝条内越冬。第二年 5 月上旬开始化蛹，越冬幼虫在被害处的内侧咬一圆形羽化孔，6 月上旬至 7 月上旬为成虫羽化期，成虫产卵在芽间或嫩梢上，卵期 10 天左右。幼虫孵化后，多从新梢叶柄基部蛀入嫩梢髓部蛀食为害，形成孔道，嫩梢被蛀空后，幼虫转移到粗蔓中。一般幼虫可转移 1 ～ 2 次。9 至 10 月份幼虫陆续老熟，在被害枝蔓内越冬。

3. 防治方法

在成虫产卵和初孵幼虫为害嫩梢期，每 7 ～ 10 天喷 1 次药，连喷 3 次，用药时间在傍晚。生物药剂：选用 2.5% 多杀菌素悬浮剂 1000 倍液、0.5% 苦参碱・内酯水剂 600 倍液、100 亿活芽孢/g 苏云金杆菌可湿性粉剂 1000 ～ 1500 倍液等之一均匀喷雾。低毒化学药剂：20% 氯虫苯甲酰胺悬浮剂 3000 倍液、25% 灭幼脲Ⅲ悬浮剂 2000 倍液、20% 除虫脲悬浮剂 3000 倍 2.5% 高效氯氰菊酯微乳剂 1000 倍液等选 1～2 种喷雾。5 至 7 月用脱脂棉蘸 50% 敌敌畏乳油 200 倍液，或 90% 晶体敌百虫 500 倍液等塞入枝干蛀孔，杀死幼虫。

（九）绿盲蝽

1. 症状

绿盲蝽是杂食性害虫，可为害葡萄、桃、苹果、梨、杏、石榴等多种果树。以成虫和若虫刺吸为害花序、嫩茎和幼果等，嫩梢被害后生长点枯死，幼叶受害处形成针头大小的坏死点，随着叶片的伸展长大，以小点为中心，拉成圆形或不规则的孔洞。花蕾、花梗受害后则干枯脱落，严重时，叶片破碎，落花严重。果粒被害初期布满小黑点，后期成疮痂状，重者果粒开裂。图 4-47 为绿盲蝽。

图 4-47　绿盲蝽

2. 发生规律

葡萄发芽后，为害嫩芽、幼叶。随着芽的生长，为害逐渐加重。

3. 防治方法

（1）人工防治。葡萄园内不宜间作越冬蔬菜及蚕豆、土豆等作物，建葡萄园时应远离茶园、桃园；清除杂草，剪除枝条残桩烧毁，减少越冬虫源；及时除田间杂草，降低虫口密度。

（2）药剂防治。生物药剂防治：可选用60g/L乙基多杀菌素悬浮剂1500～2000倍液、1%苦皮藤素水乳剂1000倍液、25%灭幼脲3号水悬浮剂2000倍液等其中一种喷雾。低毒化学药剂防治：在50%氟啶虫胺腈水分散粒剂4000～6000倍液、25%噻虫嗪水分散粒剂1000～1500倍液等药剂中选一种喷雾。生物药剂与化学药剂可减半用药量混用。

（十）金龟子

1. 症状

金龟子是多食性害虫，除为害葡萄外还为害多种果、林和农作物的芽、叶、嫩茎、花和果实；其幼虫统称蛴螬，取食植物地下部分，果苗和幼树根部，可致整株枯死。图4-48为金龟子。

图4-48 金龟子

2. 发生规律

金龟子一年发生一代，以成虫越冬，葡萄萌芽期就从土中钻出为害，主要为害葡萄的芽、叶、花和幼果。成虫具有假死性，可进行人工防治。

3. 防治方法

（1）人工防治。深耕，破坏金龟子的越冬场所，减少越冬虫源；不施未经腐熟的厩肥；果园行间不要种植块根、块茎作物。

（2）诱杀和捕杀成虫。对趋光性强的种类可用黑光灯诱杀；利用其假死性，于夜间或清晨低温时振落后杀死。

（3）药剂防治。生物农药防治：0.5% 印棟素可溶液剂 300 ～ 400 倍液、1% 苦参·印棟素乳油 500 倍液等选一种喷雾。低毒化学农药防治：200g/L 氯虫苯甲酰胺悬浮剂 3000 倍液、10% 高效氯氟氰菊酯水乳剂 1000 倍液、90% 晶体敌百虫 800 倍液等选一种喷雾。上述生物药剂和化学药剂两种合理混用，并交替防治。

（十一）葡萄虎天牛（又名葡萄天牛、葡萄枝天牛）

1. 症状

以幼虫在枝蔓髓部蛀食，因横向切蛀，每年 5 月出现折蔓，断枝以上新梢枯萎。幼虫由芽部蛀入木质部内，虫粪堵塞于蛀道内，枝条外无虫粪，从外表看不到堆粪情况，是该虫为害特点。图 4-49 为葡萄虎天牛。

2. 发生规律

该虫每年发生一代，以幼虫在被害枝条内越冬。第二年 5 月恢复取食，幼虫多向基部蛀食，先在皮下浅处纵向蛀食，逐渐蛀至木质部，致使蔓条折断。7 月份幼虫陆续老熟，多在近断口处化蛹。成虫 6 至 8 月出现，将卵产于新梢芽鳞缝隙内或芽和叶柄之间。初孵幼虫多由芽部蛀入木质部内，纵向为害，虫粪充满蛀道而不排出枝外。

图 4-49　葡萄虎天牛（李世诚图）

3. 防治方法

（1）人工防治。冬季结合修剪，剪除被害枝条消灭越冬幼虫；6 至 7 月份经常检查新梢，发现虫孔或有枯萎枝时及时剪除。

（2）药剂防治。成虫产卵期可喷 90% 敌百虫 500 倍液，成虫盛发期喷布 20% 杀灭菊酯 3000 倍液。

（十二）葡萄叶蝉

1. 症状

以成虫、若虫聚集在葡萄叶背面吸食汁液，受害叶片正面呈现密集的白色小斑点，严重时叶片苍白失绿，致使秋季早期落叶，影响新梢成熟和花芽分化。图 4-50 为葡萄叶蝉。

2. 发生规律

一般每年发生 2～3 代，以成虫在落叶、杂草、灌木丛、石块等缝隙中越冬。先在发芽早的桃、杏、苹果、杂草等寄主上取食，葡萄展叶后开始为害。全年以成虫、若虫在叶背面为害。先从新梢基部老叶上发生，逐渐向上部叶片蔓延，叶片受害严重时，造成早期落叶，影响生长发育。

图 4-50　葡萄叶蝉

3. 防治方法

（1）人工防治。冬季清园，铲除园边杂草，以减少越冬虫源，合理整形修剪，使通风透光；保护利用天敌。

（2）药剂防治。参考绿盲蝽。

（十三）葡萄蓟马

1. 症状

蓟马在幼果上产卵后，果面上形成晕圈斑，产卵处形成一小黑斑，斑点周围形成一褪色的圆形晕圈状斑，随着浆果增大，有可能从斑点处裂开。蓟马也为害穗梗、新梢和叶片。使被害新梢的延长生长受到抑制，叶片变小，卷曲成杯状或畸形，甚至干枯，有时还出现穿孔。图 4-51 为葡萄蓟马。

图 4-51　葡萄蓟马为害

2. 发生规律

春季当温室温度达到约 15℃，蓟马开始繁殖。空气干燥、温热有利于蓟马的繁殖，而高温、高湿则不利于蓟马发生。

3. 防治方法

生物药剂防治：1% 印楝素水剂 800 倍、0.3% 苦参碱水剂 800 ～ 1000 倍液、60g/L 乙基多杀菌素悬浮剂 1500 ～ 2000 倍液等选用一种喷雾防治。低毒化学药剂防治：10% 烯啶虫胺水剂 2000 倍液、25% 噻虫嗪水分散粒剂 1000 ～ 1500 倍液等选用一种进行喷雾。也可分别选用生物药剂与化学药剂各一种，可减半用药量，混用并注意交替使用。

（十四）葡萄粉蚧

1. 症状

葡萄粉蚧以若虫和雌虫隐藏在老蔓的翘皮下、主蔓、枝蔓的裂区、伤口和近地面的根上等部位，集中刺吸汁液为害，使被害处形成大小不等的丘状突起。随着葡萄新梢的生长，逐渐向新梢上转移，集中在新梢基部刺吸汁液进行为害。受害严重的新梢失水枯死。受害偏轻的新梢不能成熟和越冬。为害叶腋和叶梗，被害的叶片失绿发黄，干枯；为害果实的穗轴、果梗、果蒂等部位，造成果粒变畸形，果蒂膨大粗糙。刺吸为害的同时分泌黏液，易招致霉菌滋生，污染果穗，影响果实品质。图 4-52 为葡萄粉蚧。

图 4-52　葡萄粉蚧

2. 发生规律

早春温暖少雨，有利于越冬代若虫的早发育及取食产卵。冬季气温过低且延长，则会使越冬代若虫大量死亡。夏季气温高，降水少，有利于一代和二代卵及若虫的早发育。秋季气温偏高延长，有利于三代卵孵化完毕；反之，秋季气温迅速下降，不利于三代卵的完全孵化，极少数卵不孵化即可越冬。

3. 防治方法

（1）加强检疫。该害虫主要靠苗木、果实运输传播。因此，运输苗木或果实前要加强检疫，防治扩散蔓延。

（2）农业防治。加强葡萄园的管理，增施有机肥，增强树势，提高抗虫能力；冬季清园、翻耕、结合修剪剪去虫枝，将葡萄园的杂草、落叶、枯枝、黄叶清除干净，集中烧毁，以减少越冬虫源；在5月中旬、9月中旬各代成虫产卵盛期人工刮除树皮，可消灭老皮下的卵。

（3）药剂防治。使用48%毒死蜱微乳剂等防治。

参考标准：

1. DB32/T 1336—2009《鲜食葡萄病虫害综合防治技术规程》

2. DB3211/T 1174—2014《鲜食葡萄病虫害综合防治技术规程》

第九节　周年标准化管理历

葡萄周年生长和管理见表4-1。

表 4-1　葡萄周年标准化管理历

月份	1	2	3	4	5	6	7	8	9	10	11	12
生育期	休眠期	休眠期	发芽期	新梢生长期	开花结果期	果粒膨大期	果粒膨大期	果实成熟期	果实成熟期	养分积累期	养分积累期	休眠期
结果管理	整形修剪		抹芽	抹芽	整理花穗	疏粒套袋	采收	采收	采收			
枝条管理		结果母枝绑扎	结果母枝绑扎	新梢绑扎	新梢绑扎摘心	新梢绑扎摘心	新梢绑扎摘心					
施肥病虫防治		剥树皮	休眠期清园	安装诱虫灯挂黄板、诱杀害虫。防治葡萄黑痘病、灰霉病、霜霉病、穗轴褐枯病、绿盲蝽、蓟马、蚧壳虫	防治葡萄黑痘病、灰霉病、霜霉病、白粉病、炭疽病、绿盲蝽、蓟马、透翅蛾、蚧壳虫、金龟子	防治葡萄黑痘病、灰霉病、霜霉病、白粉病、炭疽病、绿盲蝽、蓟马、透翅蛾、蚧壳虫、金龟子	防治葡萄炭疽病、白腐病、霜霉病、白粉病、褐斑病、叶蝉、金龟子	防治葡萄炭疽病、白腐病、霜霉病、白粉病、褐斑病、叶蝉、金龟子	防治葡萄霜霉病、褐斑病、叶蝉	基肥，防治葡萄霜霉病、褐斑病、叶蝉		

续表

| 参考标准 | 1. DB32/T 1154—2007《美人指葡萄避雨栽培生产技术规程》
2. DB32/T 602—2008《葡萄水平棚架式栽培生产技术规程》
3. DB32/T 2478—2013《葡萄标准园建设规范》
4. DB32/T 2817—2015《夏黑葡萄大棚促成栽培生产技术规程》
5. DB32/T 2967—2016《阳光玫瑰葡萄设施生产技术规程》 | 1. DB32/T 930—2006《葡萄全园套袋栽培技术规程》
2. DB32/T 602—2008《葡萄水平棚架式栽培生产技术规程》
3. DB32/T 2092—2012《葡萄花穗整形技术规程》
4. DB32/T 2817—2015《夏黑葡萄大棚促成栽培生产技术规程》
5. DB32/T 2967—2016《阳光玫瑰葡萄设施生产技术规程》
6. DB32/T 1336—2009《鲜食葡萄病虫害综合防治规程》
7. DB3211/T 1174—2014《鲜食葡萄病虫害综合防治技术规程》 | 1. DB32/T 602—2008《葡萄水平棚架式栽培生产技术规程》
2. DB32/T 2817—2015《夏黑葡萄大棚促成栽培生产技术规程》
3. DB32/T 2967—2016《阳光玫瑰葡萄设施生产技术规程》
4. DB3211/T 1001—2019《地理标志产品丁庄葡萄》
5. DB32/T 1336—2009《鲜食葡萄病虫害综合防治技术规程》
6. DB3211/T 1174—2014《鲜食葡萄病虫害综合防治技术规程》 | 1. DB32/T 1154—2007《美人指葡萄避雨栽培生产技术规程》
2. DB32/T 602—2008《葡萄水平棚架式栽培生产技术规程》
3. DB32/T 2817—2015《夏黑葡萄大棚促成栽培生产技术规程》
4. DB32/T 2967—2016《阳光玫瑰葡萄设施生产技术规程》 | 1. DB32—2008《葡萄水平棚架式栽培生产技术规程》
2. DB32—2012《葡萄"H"型极板短梢整形修剪短梢栽培技术规程》
3. DB32/T 2817—2015《夏黑葡萄大棚促成栽培生产技术规程》
4. DB32/T 2967—2016《阳光玫瑰设施生产技术规程》 |

第五章 鲜食葡萄标准化生产实例

第一节 丁庄葡萄标准化生产基本概况

句容地处苏南，紧邻省会南京，境内山清水秀，生态环境宜人，拥有茅山 AAAAA 级和宝华山 AAAA 级旅游区以及赤山湖、二圣湖等水泊湿地，素有"五山一水四分田"之称。句容从 20 世纪 80 年代开始引进并推广早川式葡萄栽培技术，依托江苏丘陵地区镇江农业科学研究所的技术支撑，经过 30 多年的探索与总结，形成了一套适合实际的葡萄生产技术研究、试验、标准、示范、推广的种植技术体系，并进行了广泛的推广。1989 年全国劳模方继生率先在茅山镇发展葡萄种植，1999 年成立句容市春城葡萄合作社，从起初的几户农民到现在已有 300 多户葡萄种植户参加，葡萄园区种植面积也由起初的 2 亩发展到如今的 2 万多亩，园区的葡萄全部采用日本早川式栽培标准模式，每亩产量严格控制在 750kg 左右。2002 年"继生"牌葡萄被评为江苏省名牌产品和著名商标。2003 年制定了江苏省地方标准《无公害农产品葡萄早川式栽培技术规程》。实行"五统一管理"，即统一定穗疏果、统一施肥标准、统一供药用药、统一品牌包装、统一价格销售，全面推进葡萄标准化栽培技术的实施，打响了"继生"牌葡萄品牌，有力地保证了高标准优质葡萄的生产，2002 被列为第三批国家级农业标准化示范区。2015 年 8 月，为加强资源整合、凝聚产业合力、推动全镇葡萄产业进一步发展，成立了"丁庄万亩葡萄专业合作联社"，联社注册资金 600 万元，下辖 7 个合作社和 5 个

109

家庭农场，葡萄种植面积达到了 2 万亩，社员农户 1927 户，涉及丁庄、长城、何庄、丁家边、城盖等 5 个行政村。2016 年句容市人民政府成立了丁庄葡萄地理标志产品保护申报工作领导小组，向国家质检总局提出了将丁庄葡萄列入地理标志产品的保护申请。2017 年 11 月 16 日丁庄葡萄被批准为地理标志产品，保护的地域范围为江苏省镇江句容市茅山镇丁庄村现辖行政区域，东经 119°14′3″～119°16′31″，北纬 31°52′～31°54′6″之间的地理位置内。

品种：丁庄葡萄现有种植面积约 20000 亩，核心区种植面积达 12000 亩。种植品种有 46 种，主要有巨峰、夏黑、金手指、美人指、阳光玫瑰等。

品质：2015 年成立了丁庄万亩葡萄专业合作联社，实行"统一品种育苗、统一技术指导、统一生产资料、统一质量标准、统一品牌销售"五个统一，将千家万户"小生产"与千变万化"大市场"无缝对接。葡萄年产量近 2 万吨，2018 年葡萄销售额达 2.7 亿元。

品牌：丁庄连续举办了十届"句容葡萄节"，建立了"手机、淘宝、微信、网站"四位一体电子销售平台，"丁庄葡萄"自主品牌和"春城有礼"区域品牌享誉全国。2016 年丁庄村被评为"中国特色产业村"及"中国葡萄之乡"，2017 年"丁庄葡萄"获批为国家地理标志保护产品，如图 5-1 所示。

图5-1 国家地理标志保护产品"丁庄葡萄"

第二节　丁庄葡萄的历史渊源和发展

据《句容年鉴》记载，葡萄在句容市茅山镇栽植历史悠久，特别是近30多年丁庄葡萄产业迅速发展，丁庄葡萄在国内外已具有较高的知名度。

葡萄被引进中国始于西汉张骞出使西域，他带回种苗在汉中地区开始栽培。《汉书》言：张骞使西域还，始得此种。据《句容年鉴》记载，句容市丁庄葡萄最早引进栽培时间，应为东晋年间，由道教学者、医学家、文学家葛洪（284—364年）引进而来。葛洪字稚川，自号抱朴子，丹阳句容人（今江苏省句容市），当时只是"零零星星的种植，未大面积推广"。齐梁陶弘景（456—536年），字通明，齐梁间道教思想家、医学家，自号华阳隐居，著有《本草经集注》。弘景曰：葡萄"状如五味子而甘美，可作酒"。梁武帝永明十年（492年）陶弘景辞官赴句曲山（茅山）隐居，梁武帝萧衍深知陶弘景的才能，几次想请他出仕，都被他拒绝了。后来，梁武帝只好通过信件向陶弘景请教治国政策，陶弘景因此被称为"山中宰相"。陶弘景在茅山种植了葡萄，用茅山泉水酿成葡萄酒，并送梁武帝品尝，梁武帝品尝后赞不绝口。及至民国初期，茅山地区葡萄种植延续不断，20世纪80年代末，全国劳模方继生从2亩葡萄园开始，逐渐带动周边农户发展葡萄的规模种植，将葡萄作为经济作物大面积推广，葡萄种植成为丁庄村民主要的经济来源。

葡萄属落叶藤本植物，褐色枝蔓细长，生命期依照各品种与地区气候及人为照料因素而有所差异。丁庄村现有一棵葡萄树，树干直径为27cm，树干周长87cm，第一主枝加第二主枝长度为43.5m，树冠面积为394m^2，成为丁庄的葡萄树王。该树在江苏也属树干最粗、树冠面积最大的葡萄树，在全国也极其罕见。现在该树每年葡萄产量为650kg，一棵葡萄树效益达13000元，成为真正的发财树。经过历代丁庄农民的辛勤培育和农业生产技术的进步，丁庄村的葡萄种植面积不断扩大，产量也越来越高。

第三节　丁庄葡萄标准化生产实践

近年来，茅山镇利用茅山丘陵地区独特的地理环境，围绕服务葡萄产业发展、做响葡萄产业品牌、增强葡萄发展后劲、扩大葡萄市场份额、提高葡萄种植效益等方面，开展了一系列农业标准化工作，特别是 2005 年 10 月葡萄早川式栽培国家农业标准化示范区通过国标委验收，逐步建立起葡萄生产的产前、产中、产后一系列的技术标准体系和监测体系，并在全市大面积生产中进行了广泛的示范应用，促进了句容市葡萄生产标准化水平，提高了葡萄的品质，降低了生产投入，提高了市场适应能力，满足了人民生活的需要，产生了巨大的经济效益和社会效益。主要有以下四点做法：

一、加强协作攻关，构建特色的葡萄产业标准体系

农业标准化是以农业科学技术和实践经验为基础，制定农业产品品质标准和生产经营技术规范，并加以推广实施，使农业生产的产前、产中、产后全过程纳入标准化生产与管理，从而保障农产品质量与安全。丁庄村葡萄产业标准体系的构建以"适用、管用、实用"为指导思想，既考虑到体系的系统性和前瞻性，能为相关产业的发展提供支撑和引领，又注重体系运行的可操作性和实用性，为产业标准化工作提供指导。其葡萄产业标准体系框架包含通用基础标准、种植标准、加工标准、物流标准、管理标准、服务标准六个方面，涵盖了产业链全过程，推动句容葡萄产业朝着规模化、标准化和品牌化的方向发展。

丁庄村通过与镇江市农业科学院、江苏省农业科学院等高等院校、研究院联合，建立葡萄示范基地及苗木繁育基地。先后制定了DB32/T 602—2008《葡萄水平棚架式栽培技术规程》、DB3211/T

174—2014《鲜食葡萄病虫害综合防治技术规程》等特色省市地方标准，在国内首创了我国南方地区巨峰葡萄水平大棚架栽培"X"型整形修剪技术，解决了树势早衰的问题，延长了盛果期。最早确立了巨峰葡萄早期间伐技术，解决了传统栽培基本不间伐葡萄植株而造成葡萄生长期架面郁蔽，通风透光不良等技术难题。创建了我国南方地区巨峰等葡萄优质、高效、无公害、标准化栽培技术体系，使同样的优质巨峰葡萄品种，通过二种栽培模式产生了二种不同的经济效益，使传统栽培模式下的低效益，通过创建新的栽培模式，创造了亩均收入 6000 ~ 10000 元的高效益。图 5-2 为葡萄平网平架栽培技术。

图 5-2　葡萄平网平架栽培技术

二、强化标准实施监管，提升丁庄葡萄品质

严格按标准组织生产，葡萄生产按照丁庄葡萄生产技术规程进行操作，严格农业投入品的使用，所有生产环节全部进行登记备案，

由农技人员不定期进行抽查，确保产品质量安全。一是投入品全程监管制度。设立农药肥料专销点，挂牌定点销售药肥，建立定点采购和经营记录，强化跟踪管理。组织制定了 DB3211/T 177—2014《葡萄质量安全生产过程控制管理规范》、DB3211/T 188—2016《葡萄质量安全现场检查技术规范》镇江市地方标准，以农产品质量安全要素为主线，围绕农产品生产过程控制和部门监管职责，优化现有信息系统功能，推进农产品质量监管。二是生产经营档案制。编制发放农产品生产记录及多项农业生产单位管理制度，要求按照统一标准要求进行生产、管理、记录。积极开展农产品质量安全可追溯体系建设，推动落实农产品生产者首要责任。三是产地准出制度。建成葡萄检测中心，实行生产场地检测、产品出场检测、市场抽检的检测制度，实现从"农业投入品、田间种植到批发市场"全过程的动态质量控制，示范区内农产品质量检测安全合格率达到98%以上。

三、推进组织化运作，打响丁庄葡萄品牌

大力推进葡萄产业化开发，形成了"合作社＋农户""科研部门、中介组织＋农户"等多种形式，提升了市场竞争力，扩大了市场占有率。1999年，茅山镇丁庄村成立了"丁庄老方葡萄专业合作社"，该合作社是江苏省成立的第一批农民专业合作社之一。2015年，为推进葡萄产业组织化运作，茅山镇以丁庄村为核心，推动7家合作社、5家家庭农场、1927户农户开展产业联合和区域合作，全镇葡萄种植面积达到了2万亩，并以茅山镇乡村旅游发展有限公司为平台，凝聚了"丁庄葡萄"大品牌、高品质和"一个品牌对外销售"的新共识。2016年，进一步成立了丁庄万亩葡萄合作联社，全面形成"公司＋联社＋合作社＋农户"的组织架构，实行"统一品种育苗、统一供药供肥、统一技术指导、统一质量标准、统一品牌销售"五统一的经营管理模式。2018年，丁庄村建立"营农指导员模式"，以依托合作联社为载体，通过1个专家——镇江农科院的芮东明研究

员，1个团队——40人营农指导员队伍，N个农户——合作联社的全体葡萄种植户们打造的一种知识技术自上而下、层层递推的新型农业技术推广模式。

丁庄村不断强化业态创新，聚力打响丁庄葡萄品牌。以"福地句容·醉在春城"为主题，连续举办了十届"句容葡萄节"（见图5-3）。多次赴南京、上海等地进行丁庄葡萄品牌推介；积极探索"互联网＋农业"发展，2015年建立了丁庄葡萄电子商务中心，2016年建立了"手机、淘宝、微信、网站"四位一体的电子销售平台，2017年，通过合作联社电商平台销售的葡萄达到了30万千克，进一步做大做强"丁庄葡萄"自主品牌。

图 5-3　葡萄节

四、坚持以葡萄为媒，融入全域旅游发展

将应时鲜果产业向休闲旅游业延伸，从果园建设、种植管理、采摘服务等方面进行标准化管理，制定了DB32/T 2729—2015《鲜果（草莓、葡萄、桃）采摘园服务规范》省地方标准，完成从农业标准

化到服务标准化的对接，句容葡萄节等专题节庆活动正成为沪宁都市圈的节日亮点。茅山镇依托葡萄生产基地，建立丁庄葡萄大观园，重点打造葡萄特色小镇，积极融入全域旅游发展。利用农开项目，对园区道路进行硬化及配套建设，升级改造园区内乡村旅游循环线路。利用库区项目对丁庄自然村进行美丽乡村打造，全面改善丁庄村基础设施条件。2015 年建设了 4 个葡萄休闲吧，集采摘、休闲、娱乐、餐饮于一体；2016 年建设 5000 平方米的丁庄葡萄综合服务中心，集农产品展示中心、会议培训中心、为农服务中心、葡萄研究检测中心、葡萄博物馆和游客接待中心于一体，为葡萄特色小镇建设和全域旅游发展提供了坚实的保障。同时兼顾发展葡萄园采摘的标准化模式，发展早、中、晚熟等葡萄品种，延长采摘期，发展葡萄采摘游，向乡村旅游业拓展，进一步延长了产业链条，增加了收入。整合美丽乡村、主导产业、旅游资源和民俗文化资源——以葡萄文化为底蕴，打造丁庄葡萄文化特色村。丁庄村坚持以葡萄为媒，大力发展观光、休闲、旅游、采摘农业，加速农旅结合，提升"丁庄葡萄"附加值，带动地区经济发展，聚焦实现强村富民。

葡萄农业标准化示范区的建设和带动，有力地提高句容市农产品质量，进一步打响了绿色、生态、优质农产品品牌，锻炼了一支标准制定、实施和推广队伍，组织编写了句容葡萄标准体系，把先进的技术转化为标准实施和推广，使句容成为江苏最大的鲜食葡萄生产基地。

丁庄村集中资源进行丁庄葡萄统一品牌的经营和推广，依托丁庄葡萄国家地理标志保护产品，提升葡萄附加值，葡萄年产量近 2 万吨，2018 年葡萄销售额达 2.7 亿元。丁庄葡萄多次荣获全国葡萄评比金奖、江苏优质水果金奖、江苏名牌产品、江苏水果十大品牌等荣誉称号。2012 年丁庄村获评为"全国一村一品示范村"，2016 年获评为"中国特色村"，茅山镇获评为"中国葡萄之乡"。丁庄葡萄每年吸引游客超过 30 万人次，旅游采摘销售额逐年提升，占总销售额的 30%。现如今，环保、生态及优美的人居环境已成为句容发展的丰厚底蕴。

附　录

中华人民共和国农业行业标准

NY 469—2001

葡　萄　苗　木

Grape nursery stock

2001-09-27发布　　　　　　　　　　2001-11-01实施

中华人民共和国农业部　发布

前　　言

本标准的附录 A 和附录 B 都是标准的附录。

本标准由农业部市场与经济信息司提出。

本标准起草单位:中国农业科学院郑州果树研究所、天津市农科院林果所、北京农学院等。

本标准主要起草人:孔庆山、刘崇怀、潘兴、修德仁、晁无疾、刘俊、刘捍中、杨承时、吴德展。

中华人民共和国农业行业标准

葡 萄 苗 木

NY 469—2001

Grape nursery stock

1 范围

本标准规定了葡萄苗木的质量标准、判定规则、检验方法、起苗、贮苗和包装。

本标准适用于一年生自根和嫁接葡萄苗木。

2 引用标准

下列标准所包含的条文,通过在本标准中引用而构成为本标准的条文。本标准出版时,所示版本均为有效。所有标准都会被修订,使用本标准的各方应探讨使用下列标准最新版本的可能性。

GB 9847—1988 苹果苗木

SB/T 10332—2000 大白菜

3 定义

本标准采用下列定义。

3.1 接穗

用于嫁接繁殖的当年生新梢(绿枝嫁接)或一年生成熟枝条(硬枝嫁接)。

3.2 自根苗

利用插条经扦插或通过组培获得的苗木。

3.3 嫁接苗

利用接穗经嫁接培育成的非自根性苗木。

3.4 侧根数量

葡萄苗木地下部从插条(或砧木插条)上直接生长出的侧根数。

3.5 侧根粗度

侧根距基部 1.5 cm 处的粗度。

3.6 侧根长度

侧根基部至先端的距离。

3.7 枝干高度

根颈至剪口处的枝条长度。

3.8 枝干粗度

根颈以上 5 cm 处(扦插苗)或接口上第二节中间处(嫁接苗)的粗度(枝条直径)。

3.9 接口高度

根颈(地面处)至嫁接口的距离。

3.10 检疫对象

国家检疫部门规定的危险性病虫害。

中华人民共和国农业部 2001-09-27 批准   2001-11-01 实施

4 质量标准

4.1 自根苗的质量标准

自根苗的质量标准见表1。

表1 自根苗质量标准

项 目		级 别		
		一 级	二 级	三 级
品种纯度		≥98%		
根系	侧根数量	≥5	≥4	≥4
	侧根粗度,cm	≥0.3	≥0.2	≥0.2
	侧根长度,cm	≥20	≥15	≤15
	侧根分布	均匀 舒展		
枝干	成熟度	木 质 化		
	枝干高度,cm	20		
	枝干粗度,cm	≥0.8	≥0.6	≥0.5
根皮与枝皮		无 新 损 伤		
芽眼数		≥5	≥5	≥5
病虫危害情况		无检疫对象		

4.2 嫁接苗的质量标准

嫁接苗的质量标准见表2。

表2 嫁接苗质量标准

项 目		级 别		
		一 级	二 级	三 级
品种与砧木纯度		≥98%		
根系	侧根数量	≥5	≥4	≥4
	侧根粗度,cm	≥0.4	≥0.3	≥0.2
	侧根长度,cm	≥20		
	侧根分布	均匀 舒展		

表 2(完)

项　目		级　别		
		一　级	二　级	三　级
枝干	成熟度	充分成熟		
	枝干高度,cm	≥30		
	接口高度,cm	10～15		
	粗度　硬枝嫁接,cm	≥0.8	≥0.6	≥0.5
	粗度　绿枝嫁接,cm	≥0.6	≥0.5	≥0.4
	嫁接愈合程度	愈合良好		
根皮与枝皮		无新损伤		
接穗品种芽眼数		≥5	≥5	≥3
砧木萌蘖		完全清除		
病虫危害情况		无检疫对象		

5　检测方法与检验规则

5.1　检测苗木的质量与数量,采用随机抽样法。按 GB 9847 执行。

5.2　砧木或品种的纯度:苗木生产过程中,育苗单位应在生长季节依据砧木或品种的植物学特征进行纯度鉴定和去杂,除萌(嫁接苗),并对一般病虫害加以防治。

5.3　侧根数量:目测,计数。

5.4　侧根粗度、枝干粗度:用游标卡尺测量直径。

5.5　侧根长度、枝干长度、接口高度:用尺测量。

5.6　接口部愈合程度:外部目测或对接合部纵剖观测。

5.7　芽眼数:目测,计数。

5.8　病虫危害、机械损伤:目测。

5.9　检疫:植物检疫部门取样检疫。

5.10　每批苗木抽样检验时对不合格等级标准的苗木的各项目进行记录,如果一株苗木同时有几种缺陷,则选择一种主要缺陷,按一株不合格品计算。计算不合格百分率。各单项百分率之和为总不合格百分率。按 SB/T 10332 计算。

6　等级判定规则

6.1　各级苗木标准允许的不合格苗木只能是邻级,不能是隔级苗木。

6.2　一级苗的总不合格百分率不能超过 5%,单项不合格百分率不能超过 2%;二级、三级苗的总不合格百分率不能超过 10%,单项不合格百分率不能超过 5%。不合乎容许度范围的降为邻级,不够三级的视为等外品。

7 起苗、贮苗、出圃、包装

7.1 起苗

秋季至土壤封冻前起苗。土壤过干时应浇水后起苗,起苗应在苗木两侧距离 20 cm 以外处下锹。起苗时亦应避免对地上部分枝干造成机械损伤。起苗后立即根据苗木质量要求时苗木进行修整和分级,捆扎成捆,并及时按品种分别进行贮存。

7.2 贮苗

苗木在贮存期间不能受冻、失水、霉变。

7.3 出圃

7.3.1 苗木出圃应随有苗木生产许可证、苗木标签和苗木质量检验证书。

7.3.2 标签样式见附录 A。

7.3.3 葡萄苗木质量检验证书见附录 B。

7.3.4 包装

远途运苗,在运输前应用麻袋、尼龙编织袋、纸箱等材料包装苗木。每捆 20 株。包内要填充保湿材料,以防失水,并包以塑料膜。每包装单位应附有苗木标签,以便识别。

附 录 A
（标准的附录）
葡萄苗木标签

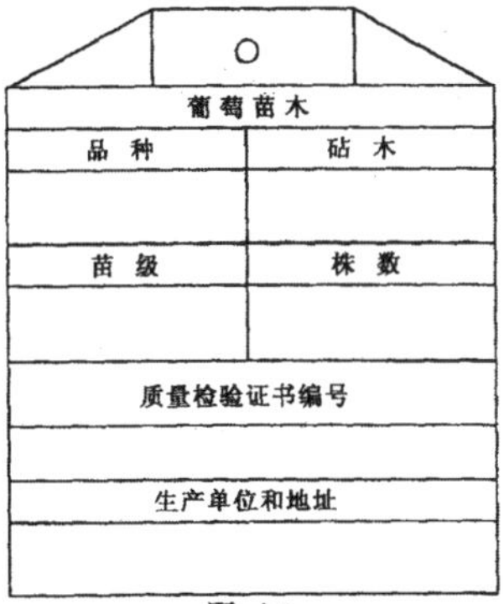

葡萄苗木	
品 种	砧 木
苗 级	株 数
质量检验证书编号	
生产单位和地址	

图 A1

附 录 B
（标准的附录）
葡萄苗木质量检验证书

葡萄苗木质量检验证书存根

编号：_____

品种/砧木：_____

株数：_____ 其中:一级_____ 二级：_____ 三级：_____

起苗木日期：_____ 包装日期：_____ 发苗日期：_____

育苗单位：_____ 用苗单位：_____

检验单位：_____ 检验人：_____ 签证日期：_____

葡萄苗木质量检验证书

编号：_____

品种/砧木：_____

株数：_____ 其中:一级_____ 二级：_____ 三级：_____

起苗木日期：_____ 包装日期：_____ 发苗日期：_____

品种来源：_____ 砧木来源：_____

育苗单位：_____ 用苗单位：_____

检验意见：_____

检验单位：_____ 检验人：_____ 签发日期：_____

ICS 65.020.20
B 31
备案号：24136-2009

DB32

江 苏 省 地 方 标 准

DB32/T 602—2008
代替DB32/T 602—2003

葡萄水平棚架式栽培生产技术规程

Productive technology procedure for the Horizon-shelf grape

2008-12-18 发布 　　　　　　　　　　　　2009-02-18 实施

江苏省质量技术监督局 发布

前　言

本标准代替 DB32/T 602-2003《无公害农产品　葡萄早川式生产技术规程》。

本标准与 DB32/T 602-2003 相比主要变化如下：

——标准名称由《无公害农产品　葡萄早川式生产技术规程》改为《葡萄水平棚架式栽培生产技术规程》，相应修改了英文对照；

——扩大了标准的适用范围，由仅适用于巨峰系葡萄扩大到露地及避雨栽培的其它葡萄品种；

——删除了原标准中的术语和定义；

——删除了原标准中的树相指标部分；

——增加了园地选择及园地规划内容；

——对原标准中的整形修剪部分增加了H型整形修剪内容；

——对附录A中主要病虫害防治进行了修改；

——增加了记录部分。

本标准按GB/T 1.1-2000《标准化工作导则　第1部分：标准的结构和编写规则》、GB/T 1.2-2002《标准化工作导则　第2部分：标准中规范性技术要素内容的确定方法》编制。

本标准附录A为资料性附录。

本标准由句容市农业局提出。

本标准由江苏丘陵地区镇江农业科学研究所、镇江市句容质量技术监督局起草。

本标准主要起草人：芮东明、张锐方、江智明、阎永齐。

本标准于2003年5月28日首次发布，2008年12月进行第一次修订。

葡萄水平棚架式栽培生产技术规程

1 范围

本标准规定了葡萄水平棚架式栽培生产技术规程的产地环境、建园、水平棚架、土肥水管理、整形修剪、花果管理、间伐、病虫害防治、采收和记录。

本标准适用于采用水平棚架式栽培的露地及避雨等葡萄的生产。

2 规范性引用文件

下列文件中的条款通过本标准的引用而成为本标准的条款。凡注日期的引用文件，其随后所有的修改单（不包括勘误的内容）或修订版均不适用于本标准，然而，鼓励根据本标准达成协议的各方研究是否可使用这些文件的最新版本。凡是不注日期的引用文件，其最新版本适用于本标准。

NY/T 469-2001 葡萄苗木

NY 5087-2002 无公害食品 鲜食葡萄产地环境条件

3 产地环境

应符合NY 5087的规定。

4 建园

4.1 园地选择

选择排水较好，地下水位0.8m以下的园地。

4.2 园地规划

应根据园地条件、面积和架式进行规划，每个作业小区以长度100m、宽度50m为宜，小区间留作业道，行向宜南北向，在园地四周应建防风林，园地面积较大时，每条小区道路两侧再建防风林，防风林树种以乔木为主，应避免与葡萄共生病虫互相传播。

4.3 苗木质量

苗木质量按NY/T 469的规定执行。

4.4 定植

4.4.1 挖定植沟

开挖深0.7m～0.8m、宽0.8m～1.2m定植沟，分层施入有机物质及有机肥，与土混合。

4.4.2 定植时间

二月上旬到三月下旬定植。

4.4.3 定植密度

水平棚架式的栽培密度株距为2m～3m、行距3m～4m，定植株数667m²为55株～84株。

4.4.4 苗木消毒

定植前苗木根系采用70%甲基托布津700倍液消毒，苗木用3波美度～5波美度石硫合剂消毒。

4.4.5 定植方法

修剪根先端部，梳理根系，高垄堆土浅栽，嫁接苗嫁接口应露出土面，栽后浇透水，再覆盖长、宽各1m的黑地膜。

5 水平棚架

棚架高度1.8m，用水泥柱搭建，角柱长宽高规格为3.2m×0.14m×0.14m，边柱规格为2.7m×0.1m×0.1m，顶柱规格为2.0m×0.06m×0.06m，边柱间距为2.5m，角柱、边柱与地面成45°角向外斜倾，柱顶端用铁丝吊石头固定。四周及边柱拉线用8号镀锌铁丝，边柱对拉线之间用14号镀锌丝编成间距0.4m网格，棚架中间对拉线的每个交义点用顶柱垂直支撑。

6　土肥水管理

6.1　土

6.1.1　适宜土壤pH值为6.0～7.5。

6.1.2　改土

6.1.2.1　条沟改土

由定植行逐年向行间开挖深0.5m、宽0.4m施肥沟，分层施入有机物及有机肥，与土混合。

6.1.2.2　放射沟改土

成年树树干向外开挖深0.45m，宽0.4m，长1.5m放射状沟，分层施入有机物及有机肥，与土混合。

6.1.2.3　环状沟改土

成年树树干向外，开挖深0.5m，宽0.4m环状沟，分层施入有机物及有机肥，与土混合。

6.1.3　土壤管理

6.1.3.1　松土、除草

人工或机械松土、除草、清洁果园。

6.1.3.2　土壤覆盖

5月底，用稻草等有机物覆盖树盘或全园，厚度0.2m～0.3m，夏季降低地温，保持土壤湿度，有利于根系生长，也可覆反光膜，促进葡萄着色。

6.2　肥

6.2.1　基肥

最佳使用时间为9月底至10月底，以腐熟的鸡粪等有机肥为主，混加过磷酸钙，幼树每667m²施有机肥1000kg～1500kg，成龄树每667m²施有机肥1500kg～2000kg，过磷酸钙50kg。

采用条沟、放射沟、环状沟施肥。

6.2.2　追肥

果实膨大期和着色期，每667m²施复合肥25kg，硫酸钾20kg，采用沟施。

6.2.3　根外追肥

在着色初期，结合防病叶面喷施0.2%磷酸二氢钾，间隔10d左右再喷施1次。

6.3　水

6.3.1　灌溉

不同生长期，土壤湿度为田间持水量的65%～85%。在萌芽期、幼果膨大期，采用浇灌、小灌促流、滴灌方式满足植株需水。果实成熟期应控制灌溉。

6.3.2　排水

当土壤湿度达到饱和田间持水量时要及时排水，采用明沟排水：由总排水沟、干沟和支沟组成，比降为0.3%～0.5%。

7　整形修剪

7.1　整形

7.1.1　X型整形

定植当年新梢上棚后培养成第1主枝，在棚下0.3m～0.5m处选留与第1主枝呈相反方向的新梢培养成第2主枝，第3年、第4年分别在第1主枝和第2主枝距主干分岐点2.5m～3m处培养第3主枝和第4主枝，第4年后，在每个主枝上培养2个～3个亚主枝，在亚主枝的两侧配置侧枝，7年～9年完成X型整形。

7.1.2 H型整形

定植当年选长势强的1根新梢笔直诱引向上生长，当新梢长至棚面时，在棚下30cm～50cm处回缩，促发2根长势均匀的副梢，培养成主枝。第2年，在2根主枝的两侧各培养4根主枝。第3年后，主枝延长枝留2根～3根中庸枝作为候补枝。第4～第5年，8根主枝不断向前生长，形成H型树形。

7.2 新梢管理

7.2.1 抹芽除梢

萌芽期抹除副芽、隐芽、不定芽、竞争芽，分2次～3次进行。

7.2.2 绑枝

新梢长0.4m时绑扎，分批绑扎。

7.2.3 摘心

开花前新梢生长达到13叶时进行摘心。

7.2.4 疏枝

疏去弱枝、过旺枝、竞争枝、过密新梢，提高架面透光度。

7.3 修剪

7.3.1 X型修剪

第1年，第1主枝上棚后于8月中下旬摘心，在棚上的副梢留8叶～10叶反复摘心，在棚下的副梢留2叶～3叶反复摘心，冬剪时采用中长梢修剪。第2年，使主枝沿棚面水平方向笔直生长，保持先端优势，旺长新梢留13叶摘心，副梢留8叶～10叶反复摘心。生长量大的副梢，冬剪时一般剪去梢长的1/5，用作翌年的结果母枝。第3年、第4年，夏季轻抹芽，仅抹去棚面暗处的芽和主枝先端的副芽。冬剪时，适当疏剪主枝上间隔较近的枝条。主枝的修剪略强于其它枝条。

7.3.2 H型修剪

第1年，在最先培养的两根主枝上发生的副梢留2叶～3叶摘心，冬剪时在摘心处修剪。第2年，在最先培养的两根主枝的两侧，各培养4根主枝，8月中旬将主枝头摘心，副梢留2叶～3叶摘心，冬剪时在主枝延长枝摘心处修剪。第3年后，根据不同葡萄品种特性，采用不同的修剪强度。

8 花果管理

8.1 花穗整理

花前一周至初花，去副穗，疏去穗肩以下小穗2节～6节，回缩过长小穗，剪去穗尖。

8.2 果穗整理

8.2.1 疏穗

按叶果比定穗，667m²留果穗2000穗～3000穗，坐果后和套袋前分2次定穗。

8.2.2 疏粒

落花后10d～30d，根据不同品种决定每穗留粒数。

8.3 套袋

疏粒结束约6月底后套葡萄专用纸袋，套袋前1d全园喷一遍药剂，防止炭疽病、白腐病及螨类危害。

9 间伐

定植后2年～3年，进行第一次间伐，采用隔株间伐。第4年～第8年根据植株生长情况，再次分期进行间伐。

10 病虫害防治

10.1 农业及物理防治

DB32/T 602-2008

结合冬季修剪，剪除病果、病穗、卷须，清除地面枯枝落叶，减少果园内病菌来源；雨后及时排水，防止园内积水，降低田间湿度，间伐过密植株，使通风透光良好；改善果园通风透光条件，降低果园湿度、增施磷、钾肥，提高植株抗病力；生长季节中，及时彻底摘除病叶、病枝、病果、集中烧毁或深埋；拔除病毒植株，防止扩散蔓延。

10.2　主要病虫防治

主要病虫害防治见附录 A。

11　采收

当浆果已充分发育成熟，按不同葡萄品种质量标准规定采收。

12　记录

对生产全过程进行记录，生产档案保存 3 年。

附　录　A

（资料性附录）

主要病虫害防治

主要病虫害防治见表 A.1。

表 A.1　主要病虫害防治

物　候　期	防　治　对　象	防　治　方　法
萌芽前（鳞片松动）	铲除越冬病菌	地面和树体喷 5 波美度石硫合剂，或 45%晶体石硫合剂 30 倍液
新梢生长期（花前 10d 左右）	预防性用药	70%代森锰锌 800 倍液～1000 倍液或 50%多菌灵 800 倍液～1000 倍液
始花前	灰霉病、白粉病、黑痘病	50%速克灵 1000 倍液，70%甲基托布津 800 倍液～1000 倍液
终花后	灰霉病、白粉病、葡萄粉蚧、红蜘蛛、黑痘病	73%克螨特 1500 倍液～2000 倍液，48%乐斯本 1500 倍液，62.25%仙生 600 倍液
套袋前	白粉病、白腐病、葡萄粉蚧、红蜘蛛、霜霉病	10%世高 1500 倍液～2000 倍液，50%施保功 1000 倍液，64%杀毒矾 500 倍液
浆果硬核至软花期（花后 30d～40d）	白粉病、白腐病、黑痘病、霜霉病	45%晶体石硫合剂 400 倍液～600 倍液，1:1:200 倍波尔多液，78%科博 600 倍液
采收后	预防	1:1:200 倍波尔多液，78%科博 600 倍液

ICS65.020.20
B31
备案号:

DB32

江 苏 省 地 方 标 准

DB32/T 930—2006

葡萄全园套袋栽培技术规程

Rules of cultivated technology of all bagged grape

2006-12-20 发布 2007-02-20 实施

江苏省质量技术监督局 发布

前　言

　　葡萄套袋栽培为果实生长发育创造优越的微环境，有效防止病虫对果实的侵害，显著提高葡萄外观品质。为规范和加速推广葡萄全园套袋栽培技术，特制定本标准。

　　本标准按 GB/T1.1-2000《标准化工作导则　第 1 部分：标准的结构和编写规则》和 GB/T1.2-2002《标准化工作导则　第 2 部分：标准中规范技术要素内容的确定方法》编写。

　　本标准由江苏省农林厅提出。

　　本标准由江苏省园艺技术推广站、张家港市神园葡萄科技有限公司负责起草。

　　本标准主要起草人：陆爱华、徐卫东、陈宗元、王永春。

葡萄全园套袋栽培技术规程

1 范围

本标准规定了葡萄全园套袋栽培的树相指标、套袋前管理、纸袋选择、套袋时期及方法、套袋后管理、摘袋时期及方法和采收。

本标准适用于鲜食葡萄全园套袋栽培技术。

2 规范性引用文件

下列文件中的条款通过本标准的引用而成为本标准的条款。凡是注日期的引用文件,其随后所有的修改单(不包括勘误的内容)或修订版均不适用于本标准,然后,鼓励根据本标准达成协议的各方研究是否可使用这些文件的最新版本。凡是不注日期的引用文件,其最新版本适用于本标准。

DB32/T 468—2001 鲜食葡萄生产技术规程

3 树相指标

参照 DB32/T 468-2001 执行。

4 套袋前管理

4.1 新梢管理

萌芽期抹除副芽、隐芽、竞争芽;新梢长 40 cm 时进行绑缚;对开花前生长量超过 12 片叶的强梢进行摘心,对副梢留 2 叶~3 叶反复摘心,疏除过密新梢,每亩新梢减 4000 条~5000 条。

4.2 土肥水管理

参照 DB32/T 468-2001 执行。

4.3 疏花疏穗

于开花前 5d~7d 开始疏花,去副穗及穗尖;盛花后 18d~20d 完成疏穗工作,每 1.5~2 个结果新梢留一穗,每亩留果穗 2 000 穗~2 500 穗,特大粒品种留果穗 1 500 穗~2 000 穗。

4.4 病虫害防治

套袋前 1d~2d 全园喷一遍药剂,防止黑痘病、炭疽病、白腐病及蚜虫、螨类危害。

5 纸袋选择

应选择合格的葡萄专用袋,塑料袋、自制报纸袋及使用过的葡萄专用袋不应使用。

6 套袋时期及方法

6.1 套袋时期

在葡萄生理落果后,果粒长到黄豆粒大小时全园套袋。每天套袋时间以晴天上午 9:00~11:00 和下午 2:00~6:00 为宜。

6.2 套袋方法

6.2.1 纸袋预湿

套袋前将果袋返潮、柔韧。

6.2.2 操作步骤

选定幼穗后,疏粒整穗,除去附着在幼穗上的花瓣及其他杂物,撑开袋口,令袋体膨起,使袋底两角的通气放水孔张开,手执袋口下 2cm~3cm 处,袋口向上或向下,套入果穗后使果柄置于袋口开口基部,不应将叶片和枝条装入袋子内,然后从袋口两侧依次按"折扇"方式折叠袋口于切口处，将捆扎丝扎紧袋口于折叠处，于线口上方从连接点处撕开将捆扎丝返转 90 度，沿袋口旋转一周扎紧袋口。使幼穗处于袋体中央，在袋内悬空，防止袋体摩擦果面，不要将捆扎丝缠在果柄上。套袋顺序为先上后下、先里后外。

7 套袋后管理

7.1 肥水管理

在采收前 60d、40d 和 20d 各喷一次 500mg/kg 稀土或光合微肥。7 月～9 月喷一次 300 倍～500 倍氨基酸钙或氨基酸复合微肥；果实膨大期、摘袋前应分别浇一次透水，以满足套袋果实对水份的需求和防止日灼。

7.2 树体管理

套袋的果树，尽量不要环剥；生长季及时夏季修剪摘心，疏除树冠内徒长枝，外围竞争枝和骨干枝背上的过密枝。

7.3 病虫害防治

葡萄全园套袋后，生长期应照常喷洒具有保叶和保果作用的杀菌剂，防菌随雨水进入袋内危害。病虫害防治参照 DB32/T 468-2001 执行。

8 摘袋时期与方法

8.1 摘袋时期

红色葡萄品种采收前 10d～20d 摘袋。其它品种可不摘袋，带袋采收。

8.2 摘袋方法

摘除双层袋时先沿袋切线撕掉外袋，待 5d～7d 后再摘除内层袋；摘除单层袋时，先打开袋底通风或将纸袋撕成长条，几天后除掉。将用过的废纸袋及时集中销毁。

9 采收

当浆果已充分发育成熟，并已充分表现出该品种的固有色泽、果粒大小和风味时，成熟一批、采收一批。套袋果果皮较薄嫩，在采收搬运过程中，尽量减轻碰、压、刺、划伤。

ICS 67.080
B 31
备案号：21634-2008

DB32

江 苏 省 地 方 标 准

DB32/T 1153—2007

美人指葡萄

The Manicure finger grape

2007-11-26 发布　　　　　　　　　　2008-01-26 实施

江苏省质量技术监督局 发布

前　言

为规范我省美人指葡萄生产和销售，特制定本标准。

本标准按 GB/T 1.1-2000《标准化工作导则　第 1 部分：标准的结构和编写规则》、GB/T 1.2-2002《标准化工作导则　第 2 部分：标准中规范性技术要素内容的确定方法》的规定进行编写。

本标准由镇江市句容质量技术监督局提出。

本标准由江苏丘陵地区镇江农业科学研究所、镇江市句容质量技术监督局起草。

本标准主要起草人：芮东明、张锐方、阎永齐、蒋水平、曹永伟。

美 人 指 葡 萄

1　范围

本标准规定了美人指葡萄的术语和定义、要求、试验方法、检验规则、标志、包装、运输、贮存。

本标准适用于美人指葡萄的收购和销售。

2　规范性引用文件

下列文件中的条款通过本标准的引用而成为本标准的条款。凡是注日期的引用文件，其随后所有的修改单（不包括勘误的内容）或修订版均不适用于本标准，然而，鼓励根据本标准达成协议的各方研究是否可使用这些文件的最新版本。凡是不注日期的引用文件，其最新版适用于本标准。

GB 2762　食品中污染物限量

GB 2763　食品中农药最大残留限量

GB/T 5009.11-2003　食品中总砷及无机砷的测定

GB/T 5009.12-2003　食品中铅的测定

GB/T 5009.15-2003　食品中镉的测定

GB/T 5009.20-2003　食品中有机磷农药残留量的测定

GB/T 5009.38-2003　蔬菜、水果卫生标准的分析方法

GB/T 5009.105-2003　黄瓜中百菌清残留量的测定

GB/T 5009.110-2003　植物性食品中氯氰菊酯、氰戊菊酯和溴氰菊酯残留量的测定

GB/T 5009.126-2003　植物性食品中三唑酮残留量的测定

GB/T 8855-1988　新鲜水果和蔬菜的取样方法

GB/T 12295-1990　水果、蔬菜制品　可溶性固形物含量的测定　折射仪法

NY/T 470-2001　鲜食葡萄

NY 5086　无公害食品　落叶浆果类果品

SN 0203　出口酒中腐霉利残留量检验方法

SN 0281　出口水果中甲霜灵残留量检验方法

JJF 1070-2005　定量包装商品净含量计量检验规则

《定量包装商品计量监督管理办法》

3　术语和定义

NY/T 470-2001 中确立的和以及下列术语和定义适用于本标准。

3.1

整齐度　uniformity degree

果穗和果粒在形状、大小、色泽等方面的一致程度。

3.2

紧密度　tightness degree

果穗的果粒紧密程度。

3.3

霉烂果粒　mildew and metamorphose fruit particle

部分或全部腐败变质、不能食用的果粒。

3.4

破损果 damaged fruit

因机械损伤造成果皮、果肉发生裂口的果实。

3.5

日灼果 sunburn fruit

由于受强日光照射在果实表面形成变色斑块的果实。

3.6

水罐子果 soft disease fruit

由于营养不良而造成果肉变软并呈水状，不能正常成熟的果实。

3.7

伤疤果 fruit scar

由于机械等外界原因形成表面疤痕的果实。

3.8

异常果 abnormal fruit

由于自然因素或人为机械的作用，在外观、肉质、风味方面有较明显异常的果实。异常果包括：破损果、日灼果、水罐子果、伤疤果、无核果、小青果等。

4 要求

4.1 感官指标

感官指标应符合表1规定。

表1 感官指标

项 目	特 级	一 级	二 级
果面	新鲜洁净		
口感	皮薄肉脆、酸甜适口、具有本品种特有的风味、无异味		
色泽	鲜红色	红色和粉红色	淡红色
紧密度	适中	较适中	偏松、偏紧
整齐度	整齐	比较整齐	比较整齐

4.2 理化指标

理化指标应符合表2的规定。

表2 理化指标

项 目	特 级	一 级	二 级
粒重/g	≥9	≥8	≥6
穗重/g	750～1000	350～1250	-
可溶性固形物/(%)	≥16	≥15	<15
异常果/(%)	≤1	≤2	≤2
脱粒/(%)	≤2	≤6	≤6
霉烂果粒	不得检出		

4.3 卫生指标

卫生指标应符合GB 2762、GB 2763和NY 5086规定，具体见表3的规定。

表3 卫生指标　　　　　　　　　　　　　　单位为毫克每千克

项　　目		指　　标
无机砷（以 As 计）	≤	0.05
铅（以 Pb 计）	≤	0.2
镉（以 Cd 计）	≤	0.03
敌敌畏	≤	0.2
乐果	≤	1
溴氰菊酯	≤	0.1
氯氰菊酯	≤	2
三唑酮	≤	0.2
百菌清	≤	0.5
多菌灵	≤	0.5
马拉硫磷	≤	8
甲霜灵	≤	1
腐霉利	≤	5

4.4 净含量

应符合《定量包装商品计量监督管理办法》。

5 试验方法

5.1 感官指标

将样品放于洁净的瓷盘中，在自然光线下用肉眼观察葡萄果穗、果粒的形状、色泽、紧密度、整齐度并品尝。

5.2 理化指标

5.2.1 粒重、穗重

粒重采用感量 0.1g 的天平测定，穗重采用感量 1g 的天平测定。

5.2.2 可溶性固形物

按 GB/T 12295-1990 规定执行。

5.2.3 异常果

从试样中选出有异常的果粒称重，按式（1）计算出异常果的百分含量（Y），数值以%表示。

$$Y = \frac{T_1}{T_2} \times 100 \qquad \cdots\cdots\cdots\cdots\cdots\cdots\cdots\cdots\cdots\cdots\cdots\cdots (1)$$

式中：

T_1——异常果的总重量，单位为克（g）；

T_2——试样重量，单位为克（g）。

5.2.4 脱粒

通过计算脱粒的果粒占整件包装果粒重的百分含量。

5.3 卫生指标

5.3.1 无机砷的测定

按 GB/T 5009.11-2003 规定执行。

5.3.2 铅的测定

按 GB/T 5009.12-2003 规定执行。

5.3.3 镉的测定

按 GB/T 5009.15-2003 规定执行。

5.3.4 敌敌畏、乐果、马拉硫磷

按 GB/T 5009.20-2003 规定执行。

5.3.5 溴氰菊酯、氯氰菊酯

按 GB/T 5009.110-2003 规定执行。

5.3.6 三唑酮

按 GB/T 5009.126-2003 规定执行。

5.3.7 百菌清

按 GB/T 5009.105-2003 规定执行。

5.3.8 多菌灵

按 GB/T 5009.38-2003 规定执行。

5.3.9 甲霜灵

按 SN 0281 规定执行。

5.3.10 腐霉利

按 SN 0203 规定执行。

5.4 净含量检验

按 JJF 1070-2005 规定执行。

6 检验规则

6.1 组批

凡同一产地、同一生产技术方式、同一等级、同期采收的葡萄作为一个检验批次。

6.2 取样

6.2.1 随机方法，抽取的样品应具有代表性。

6.2.2 取样方法：按 GB/T 8855-1988 执行。

6.3 检验分类

6.3.1 交收检验

每批产品交收前，生产单位都应进行交收检验。交收检验内容包括感官、净含量、标志及包装，检验合格并附合格证的产品方可交收。

6.3.2 型式检验

型式检验是对产品进行全面考核，即对本标准规定的全部要求进行检验。有下列情况之一者应进行型式检验。

    a) 因人为或自然条件使生产环境发生较大变化；

    b) 前后两次抽样检验结果差异较大；

    c) 每年进行一次；

    d) 国家质量监督机构或行业主管部门提出型式检验要求。

6.4 判定规则

6.4.1 凡是符合本标准规定要求的，则判定为合格品。各等级允许有 5%的容许度，但应达到下一等级的要求。

6.4.2 卫生指标有一项不合格或检出禁用农药，则该批产品为不合格品。

6.4.3 按本标准检验，理化指标如有一项检验不合格，允许加倍抽样复检，若仍不合格，则判定该批产品不合格；若复检合格，则判为合格。

7 标志、包装、运输、贮存

7.1　标志

标志的基本内容包括：产品名称、品种名称、商标、质量等级、果实净重、产地或企业名称、包装日期、质检人员、执行标准。

7.2　包装

7.2.1　包装容器

包装容器应坚实、牢固、干燥、清洁卫生、无异味；内外两面无钉头、夹刺或其它尖突物，对产品应具有充分的保护性能；包装材料及制备标记所用的印色与胶水应对人无害。一般用瓦楞纸箱。

7.2.2　其它要求

每一包装容器内只能装有同一品种、同一级的果实，不得混装。同一批次葡萄每件包装的净重应一致。

7.3　运输

7.3.1　葡萄果实采收后及时包装、运输。

7.3.2　葡萄果实的运输工具应清洁，不得与有毒、有害物品混运。有条件的应预冷后恒温运输。

7.3.3　葡萄果实在装卸过程中应轻拿轻放，不得摔、压、碰、挤，以保持果穗和果粒的完好性。

7.4　贮存

葡萄的贮存场所应清洁、通风，不得与有毒、有异味的物品一起贮存。长期贮存应先预冷，贮存温度为（0±1）℃，湿度为90%～95%。

ICS 65.020.20
B 31
备案号：21635-2008

DB32

江 苏 省 地 方 标 准

DB32/T 1154—2007

美人指葡萄避雨栽培技术规程

Rules of productive technology for the Manicure finger
grape by rain-cut cultivation

2007-11-26 发布 2008-01-26 实施

江苏省质量技术监督局 发布

前　言

为规范我省美人指葡萄避雨栽培，特制定本标准。

本标准按 GB/T 1.1-2000《标准化工作导则　第 1 部分：标准的结构和编写规则》、GB/T 1.2-2002《标准化工作导则　第 2 部分：标准中规范性技术要素内容的确定方法》的规定进行编写。

本标准由镇江市句容质量技术监督局提出。

本标准由江苏丘陵地区镇江农业科学研究所、镇江市句容质量技术监督局起草。

本标准主要起草人：芮东明、张锐方、阎永齐、蒋水平、曹永伟。

美人指葡萄避雨栽培生产技术规程

1 范围

本标准规定了美人指葡萄避雨栽培生产技术规程的术语和定义、产地环境、建园、避雨架式、薄膜覆盖、土肥水管理、整形修剪、花果管理、间伐、病虫害防治、采收和记录。

本标准适用于采用避雨栽培的美人指葡萄的生产。

2 规范性引用文件

下列文件中的条款通过本标准的引用而成为本标准的条款。凡是注日期的引用文件，其随后所有的修改单（不包括勘误的内容）或修订版均不适用于本标准，然而，鼓励根据本标准达成协议的各方研究是否可使用这些文件的最新版本。凡是不注日期的引用文件，其最新版适用于本标准。

NY/T 469-2001 葡萄苗木

NY/T 470-2001 鲜食葡萄

NY 5087-2002 无公害食品 鲜食葡萄产地环境条件

DB32/T 875-2005 葡萄"T"形架避雨栽培技术规程

3 术语和定义

NY/T 470-2001 中确立的以及下列术语和定义适用于本标准。

3.1

避雨栽培 rain-cut cultivation

以避雨为目的，在植株树冠顶部搭建防雨棚，覆盖塑料薄膜遮断雨水的栽培方式。

4 产地环境

应符合 NY 5087-2002 的规定。

5 建园

5.1 园地选择

选择排水较好，地下水位 0.8m 以下的园地。

5.2 园地规划

应根据园地条件、面积和架式进行规划，每个作业小区以长度 100m、宽度 50m 为宜，小区间留作业道，行向宜南北向，在园地四周应建防风林，园地面积较大时，每条小区道路两侧再建防风林，防风林树种以乔木为主，应避免与葡萄共生病虫互相传播。

5.3 苗木质量

苗木质量按 NY/T 469-2001 的规定执行。

5.4 定植

5.4.1 挖定植沟

开挖深 0.7m～0.8m、宽 0.8m～1.2m 定植沟，分层施入有机物质及有机肥，与土混合。

5.4.2 定植时间

二月上旬到三月下旬定植。

5.4.3　定植密度

篱架栽培株距为 2m～3m，行距 2.7m，定植株数 667m² 为 82 株～124 株。水平棚架栽培株距为 1.5m～2m、行距 6m，定植株数 667m² 为 56 株～74 株。

5.4.4　苗木消毒

定植前苗木根系采用 70% 甲基托布津 700 倍液消毒，苗木用 3 度～5 度石硫合剂消毒。

5.4.5　定植方法

修剪根先端部，梳理根系，高垄堆土浅栽，嫁接苗嫁接口应露出土面，栽后浇透水，再覆盖长、宽各 1m 的黑地膜。

6　避雨架式

6.1　简易避雨方式

按照 DB32/T 875-2005 要求执行。

6.2　单栋避雨方式

大棚的棚宽 6.0m、棚高 3.2m、肩高 1.8m、长度 50m～60m。

6.3　连栋避雨方式

在水平棚架的上方架设连栋避雨棚，避雨棚顶部与水平棚架距离为 1.5m，棚面高度为 1.8m～2.0m。

7　薄膜覆盖

7.1　薄膜选择

选用 0.065mm～0.12mm 厚的无滴防尘抗老化的聚乙烯薄膜。

7.2　盖膜时间

3 月底～4 月初盖膜。

7.3　揭膜时间

11 月中下旬揭膜。

8　土肥水管理

8.1　土

8.1.1　适宜土壤 pH6.0～7.5。

8.1.2　改土

8.1.2.1　条沟改土

由定植行逐年向行间开挖深 0.5m、宽 0.4m 施肥沟，分层施入有机物及有机肥，与土混合。

8.1.2.2　放射沟改土

成年树树干向外开挖深 0.45m，宽 0.4m，长 1.5m 放射状沟，分层施入有机物及有机肥，与土混合。

8.1.2.3　环状沟改土

成年树树干向外，开挖深 0.5m，宽 0.4m 环状沟，分层施入有机物及有机肥，与土混合。

8.1.3　土壤管理

8.1.3.1　松土、除草

人工或机械松土、除草、清洁果园。

8.1.3.2　土壤覆盖

5 月底，用稻草等有机物覆盖树盘或全园，覆盖厚度 0.2m～0.3m，夏季降低地温，保持土壤湿度，有利于根系生长，也可覆反光膜，降低土壤湿度，促进葡萄着色。

8.2　肥

8.2.1　施肥

8.2.1.1　基肥

最佳使用时间为 9 月底至 10 月底,以腐熟的鸡粪等有机肥为主,混加过磷酸钙,幼树每 667m^2 施有机肥 1000kg～1500kg,成龄树每 667m^2 施有机肥 1500kg～2000kg,过磷酸钙 50kg。

采用条沟、放射沟、环状沟施肥。

8.2.1.2 追肥

果实膨大期和着色期,每 667m^2 施复合肥 25kg,硫酸钾 20kg,采用沟施。

8.2.1.3 根外追肥

在着色初期,结合防病叶面喷施 0.2%磷酸二氢钾,间隔 10 天左右再喷施 1 次。

8.3 水

8.3.1 灌溉

不同生长期,土壤湿度为田间持水量的 65%～85%。在萌芽期、幼果膨大期,采用浇灌、小灌促流、滴灌方式满足植株需水。果实成熟期应控制灌溉。

8.3.2 排水

当土壤湿度达到饱和田间持水量时要及时排水,采用明沟排水:由总排水沟、干沟和支沟组成,比降为 0.3%～0.5%。

9 整形修剪

9.1 整形

简易避雨、单栋避雨方式采用篱架双"Y"型整形,连栋避雨方式采用水平棚架"X"型、"H"型整形。

9.2 新梢管理

9.2.1 抹芽除梢

萌芽期抹除副芽、隐芽、不定芽,分 2 次～3 次进行。见花穗后根据架面新梢密度情况抹除过密新梢。

9.2.2 绑枝

分批绑扎,均匀绑扎在架面铁丝上。

9.2.3 摘心

主梢生长达 5 叶～7 叶时反复摘心,副梢 1 叶～2 叶时反复摘心。

9.2.4 疏枝

篱架栽培时新梢间距 15cm～20cm 为宜,水平棚架栽培每平米新梢留量 5 根～6 根,疏去过密新梢,提高架面透光度。

9.3 冬季修剪

9.3.1 结果母枝选择

选择木质化程度高,基部粗度 0.8cm～1.5cm 的结果母枝,并且芽眼饱满,枝条充实。

9.3.2 结果母枝修剪

采用中长梢修剪,留 8 个～12 个芽修剪。

10 花果管理

10.1 花穗整理

花前一周至初花,去副穗,疏去穗肩以下小穗 2 节～6 节,回缩过长小穗,剪去穗尖。留穗长度小于 12 cm,穗宽度小于 10 cm。

10.2 果穗整理

10.2.1 疏穗

按叶果比定穗, 667m^2 留果穗 1500 穗～2000 穗,坐果后和套袋前分 2 次定穗。

10.2.2 疏粒

落花后 10d～30d,每穗留 80 粒～110 粒。

10.3 套袋

疏粒结束约 6 月底后套葡萄专用纸袋,套袋前 1d 全园喷一遍药剂,防止炭疽病、白腐病及螨类危害。

11　间伐

定植后 2 年～3 年,进行第一次间伐,采用隔株间伐。第 4 年～第 8 年根据植株生长情况,再次分期进行间伐。

12　病虫害防治

12.1　农业及物理防治

结合冬季修剪,剪除病果、病穗、卷须,清除地面枯枝落叶,减少果园内病菌来源;雨后及时排水,防止园内积水,降低田间湿度,间伐过密植株,使通风透光良好;改善果园通风透光条件,降低果园湿度、增施磷、钾肥,提高植株抗病力;生长季节中,及时彻底摘除病叶、病枝、病果、集中烧毁或深埋;拔除病毒植株,防止扩散蔓延。

12.2　主要病虫防治

主要病虫害防治见表 1

表 1　主要病虫害防治

物　候　期	防　治　对　象	防　治　方　法
萌芽前(鳞片松动)	铲除越冬病菌	地面和树体喷 5 波美度石硫合剂,或 45%晶体石硫合剂 30 倍
新梢生长期(花前 10 天左右)	预防性用药	70%代森锰锌 800 倍～1000 倍或 50%多菌灵 800 倍～1000 倍
始花前	灰霉病、白粉病	50%速克灵 1000 倍、70%甲基托布津 800 倍～1000 倍
终花后	灰霉病、白粉病、葡萄粉蚧、红蜘蛛	73%克螨特 1500 倍～2000 倍、48%乐斯本 1500 倍、62.25%仙生 600 倍
套袋前	白粉病、白腐病、葡萄粉蚧、红蜘蛛	10%世高 1500 倍～2000 倍、50%施保功 1000 倍
浆果硬核至软花期(花后 30 天～40 天)	白粉病、白腐病	45%晶体石硫合剂 400 倍～600 倍
采收后	预防	1∶1∶200 倍波尔多液、78%科博 600 倍

13　采收

当浆果已充分发育成熟,果皮呈红色时,按美人指葡萄质量标准有关规定采收。

14　记录

对生产全过程进行记录,生产档案保存 3 年。

ICS 65.020.20
B 31
备案号：24835-2009

DB32

江 苏 省 地 方 标 准

DB32/T 1337—2009

鲜食葡萄嫁接育苗技术规程

Technical specification of table grape grafting

2009-02-28 发布

2009-04-28 实施

江苏省质量技术监督局 发布

前　言

本规程按 GB/T1.1-2000《标准化工作导则　第 1 部分：标准的结构和编写规则》和 GB/T1.2-2002
《标准化工作导则　第 2 部分：标准中规范技术要素内容的确定方法》的规定编写。

本规程由江苏省农林厅提出。

本规程由江苏省葡萄协会、张家港市神园葡萄有限公司、江苏省园艺技术推广站起草。

本标准主要起草人：徐卫东、陆爱华、陈宗元、王兴仁、王永春、丛春磊、唐菊芬。

鲜食葡萄嫁接育苗技术规程

1 范围

本规程规定了鲜食葡萄嫁接育苗的嫁接技术要求、嫁接苗的管理、苗木出圃。

本规程适用于鲜食葡萄品种的嫁接育苗生产。

2 规范性引用文件

下列文件中的条款通过本标准的引用而成为本标准的条款。凡是注日期的引用文件，其随后所有的修改单（不包括勘误的内容）或修订版均不适用于本标准，然而，鼓励根据本标准达成协议的各方研究是否可使用这些文件的最新版本。凡是不注日期的引用文件，其最新版本适用于本标准。

NY/T 469—2001 葡萄苗木

3 嫁接技术要求

3.1 砧木

3.1.1 砧木品种选择

根据抗土传害虫、抗病性、适应土壤逆境和对嫁接品种生长特性影响等因素，可选择的主要砧木品种为：SO4、5BB、贝达等。

3.1.2 砧木苗繁育

苗圃地选择：选择地势平坦、向阳、排灌通畅、土壤肥沃、中性或微酸性的砂壤土地作为苗圃地。苗圃地实行一年一换的轮作，不在原地重复育苗。

苗床准备：施足基肥；做成垄形并整平地表，喷洒芽前除草剂（如氟乐灵）后用地膜覆盖。

扦插：3月中下旬前后，取相应砧本品种的插条进行扦插，插条长度为20cm。扦插后土壤湿度保持在90%左右。

3.1.3 砧木规格

砧木粗度：距地表5cm处达到0.7cm～0.8cm。

3.2 接穗

3.2.1 采穗母树选取

选择品种纯正、生长健壮、结果性状良好、且无病虫害的树体为采穗母树。

3.2.2 接穗采集

绿枝接穗：采用半木质化的、健壮新梢或副梢作接穗；采集后剪去叶片、保留1cm左右长的叶柄，立即用湿布包裹、保湿存放。当日采集当日嫁接完毕。

硬枝接穗：结合冬剪采集充分成熟、芽眼饱满、无病虫害的一年生枝条作为接穗，接穗粗度：0.4cm～0.5cm，上留6～8个芽眼。采集后按枝条长短，50～100条捆成一捆，系上品种标签，存放在0℃～4℃、湿度为5%的沙子里。

3.3 嫁接时期

绿枝嫁接：5月下旬至6月上旬，在葡萄当年萌发新梢呈半木质化或接近木质化时进行。砧木和接穗均为当年新梢。

硬枝嫁接：在12月下旬至翌年2月上旬进行。

3.4　嫁接方法

3.4.1　绿枝嫁接

3.4.1.1　硬枝接绿枝：硬枝接穗在低温贮藏5～6月后取出。嫁接时间：为4月底到5月中旬。嫁接方法：在砧木离地表10 cm～15 cm处剪截，在横切面中心垂直下劈，深2 cm～3 cm。取硬枝接穗留1个饱满芽，在顶部芽以上2 cm和下部芽以下3 cm～4 cm处截取；接穗与砧木粗度基本接近；在芽下两侧分别向中心削成2 cm～3 cm的长削面，削面平滑呈楔形。切削后接穗随即插入砧木劈口，对准形成层并用塑料薄膜将嫁接口和接穗包扎严实。

3.4.1.2　绿枝接绿枝：嫁接时间与方法同上。

3.4.2　硬枝嫁接

3.4.2.1　舌接法

在室内进行。先将接穗和砧木接口处削成马耳形长削面，斜面长约3 cm；在砧木斜面靠尖端1/3处和接穗斜面尖端2/3处，各在枝条垂直向下切一刀，深1 cm～2 cm；将两个削面（舌尖）插合在一起，用塑料条包严；嫁接好的插条用生根药剂处理后，成捆直立排列在电热温床上（温度25℃～28℃），中间填沙或锯末后喷水。室温控制：22℃—25℃。下部发根后定植。

3.4.2.2　劈接法

田间劈接：在砧木离地表10 cm～15 cm处剪截，在横切面中心垂直下劈，深2 cm～3 cm。接穗：取1～2个饱满芽，在顶部芽以上2 cm和下部芽以下3 cm～4 cm处截取；接穗与砧木粗度基本接近；在芽下两侧分别向中心削成2 cm～3 cm的长削面，削面平滑呈楔形。切削后接穗随即插入砧木劈口，对准形成层并用塑料薄膜将嫁接口和接穗包扎严实。在接芽萌发前，用刀片在芽上方将包扎带划破1小口，以便新芽伸出。

室内劈接：砧木为砧木种条或带根砧苗。砧木种条长度15 cm～20 cm，有2节～4节，接穗长度5 cm～6 cm，留一个饱满芽。室内劈接方法同田间劈接。嫁接后，将砧木种条、带根砧苗扦插或定植在消过毒的营养土或营养袋中。

4　嫁接苗的管理

4.1　绿枝嫁接苗管理：嫁接后15～20天内保持土壤湿润，每隔5～7天浇一次水。15天左右检查接穗成活情况。成活苗，留一个壮芽，每隔5～7天抹一次芽，并摘除砧木基部的萌蘖和副梢。芽接后20天左右、枝接后45～60天解绑。接芽或新梢长到40 cm～50 cm时上架，苗高60 cm左右时摘心。接芽新梢生长期间，喷施波尔多液，预防真菌病害，发现霜霉病，及时喷乙磷铝或甲霜灵，可与波尔多液交替使用。

4.2　硬枝嫁接苗管理

室内保护地嫁接苗管理：室内温度控制在25℃～28℃；接穗萌芽后，留一健壮芽外抹除多余芽。顶芽萌发整齐后，室内温度降至20℃～25℃，防止徒长。砧木根系生成后移至田间定植，确认成活后及时除去绑缚的塑料带。水分管理，前期3～5天喷一次水，后期1～3天一次水，但不可盲目用水。10～15天喷施一次半量式波尔多液或甲霜灵，预防霜霉病。

露地嫁接苗管理：根据田间土壤干湿情况加强水分管理，经常保持土壤湿润。接穗发芽后，留一健壮芽并反复摘除砧木基部的萌蘖和副梢。接芽或新梢长到30 cm以上时，应及时立柱绑缚，防止风折和碰断，苗高60 cm左右时摘心。病虫害防治同4.1。

5　苗木出圃

5.1　露地苗木在秋后新梢充分成熟、叶片自然落叶后出圃。起苗前3～5天浇一次水。保留接口以上3～4个芽眼进行修剪。

5.2　出圃苗质量执行NY／T469规定的要求，并进行检疫，未达到质量和检疫不合格的苗不得出圃。

5.3　出圃苗按 10 株一捆进行捆绑，并挂上品种、等级、数量、出圃日期标签。

ICS 65.020.20
B 31
备案号：33996-2012

DB32

江 苏 省 地 方 标 准

DB32/T 2091—2012

葡萄"H"型整形修剪栽培技术规程

Rules for grape 'H'type pruning technology

2012-05-08 发布 　　　　　　　　　　　2012-08-08 实施

江苏省质量技术监督局 发布

前　言

本规程按 GB/T1.1-2009《标准化工作导则　第 1 部分：标准的结构和编写》的规定编写。

本规程由南京农业大学园艺学院提出。

本规程由南京农业大学园艺学院负责起草。

本规程主要起草人:陶建敏、章镇、高志红、王三红、余智莹。

葡萄"H"型极短梢整形修剪栽培技术规程

1　范围

本规程规定了葡萄"H"型整形栽培技术的术语和定义、园地选择、建园、"H"型架构建、整形修剪。

本规程适用于平棚架方式的葡萄生产。

2　规范性引用文件

下列文件中所包含的条款通过本规程中引用而构成本规程的条款。在标准出版时，所示版本均为有效。所有标准都会被修订，使用本标准的各方应探讨使用下列标准最新版本的可能性。

NY/T 469—2001　葡萄苗木

NY/T 857—2004　葡萄产地环境技术条件

DB32/T 468—2001　鲜食葡萄生产技术规程

DB32/T 930—2006　葡萄全园套袋栽培技术规程

DB32/T 1154—2007　美人指葡萄避雨栽培生产技术规程

DB32/T 1334—2009　绿色食品　美人指葡萄生产技术规程

3　术语和定义

下列术语和定义适用于本标准。

3.1

"H"型　'H'type

即"H"字型，四主蔓双向二分式，植株高主干向两侧分 4 个主蔓，在架面上形状为字母"H"型。

3.2

极短梢修剪　very short shoot pruning

结果母枝短截采用极短梢短截（留 1 芽）修剪方式。

3.3

短梢修剪　short shoot pruning

结果母枝短截采用极短梢短截（留 2～3 芽）修剪方式。

4　产地环境

大气、土壤、灌溉水质应符合 NY／T857-2004 中的要求，冬季最低气温-15℃ 以上地区。

5 园地选择和规划

5.1 园地选择

选择地下水位 0.8 m 以下、土质为砂壤土或壤土地块建园。若地下水位处于 0.8 m 以上，可采取一定措施提高根系生长区域土壤高度。

5.2 园地规划

根据园地条件、面积，规划若干作业区，每个作业小区以长 100 m、宽度 50 m 为宜，小区间留作业道和排水沟，排水沟渠相连，排灌自如；园地四周建防风林，树种以乔木为主，应避免与葡萄共生病虫互相传播。如园地为山地，山地要求平整且斜坡在同一平面。

6 定植苗木质量

按 NY/T469 的规定执行。宜采用抗根瘤蚜砧木或脱毒苗木。

7 定植

7.1 挖定植沟

定植沟南北走向；沟深 0.6 m～0.8 m、宽 0.8 m～1.00 m，沟中分层施入秸秆及有机肥，与土混合。沟土覆盖到垄面中部，形成深沟高垄。

7.2 定植时间

2 月上旬到 3 月中旬。

7.3 定植密度

株行距为 (1.5～3) m × (5～6) m。

7.4 苗木消毒

定植前苗木根系采用 70% 甲基托布津 700 倍液消毒，苗木用波美 3～5 度石硫合剂消毒。

7.5 定植方法

梳展根系，高垄堆土浅栽，嫁接苗嫁接口应露出土面，压实浇透定植水后覆盖黑地膜。

8 平棚架

8.1 结构

棚架结构由角柱、边柱和立柱组成。

8.1.1 角柱

(330～360) cm × 12 cm × 12 cm，埋土 60 cm～70 cm，呈 45°～50° 斜植，柱顶垂直牵引锚石，位于边行交汇处。

8.1.2 边柱

（330～360）cm×10 cm×10 cm，边柱距 300 cm，埋土 60 cm～70 cm，呈 45°～50°斜植，柱顶垂直牵引锚石。

8.1.3　立柱

行距 250m～300 m 立一行水泥柱(或竹、木、石柱)，柱距 4 m，柱长 250 cm，埋入土中 50 cm，柱顶成一平面。

8.2　架面搭设

离地面 190 cm～200 cm 处拉 7 股直径为 0.8 cm～1 cm 的热镀锌钢绞线，用紧线器拉紧固定。沿对向边柱钢绞线用 1.6 cm～1.8 mm 热镀锌钢丝交错编织 30 cm×30 cm 平面网格，形成平面网架。立柱平面网下 20 cm～30 cm 处沿行向拉一道 2 mm 热镀锌钢丝，并固定在立柱上。

9　整形修剪技术

9.1　基本骨架

1 个主干，直立；两个臂（东西向），4 主蔓（南北向），长度视株距而定，分布在立柱平面架下的镀锌钢丝上，每个臂上 18 cm～25 cm 间距培养 1 个结果枝组，每个结果枝组上留 1 个结果母枝。

9.2　留梢、摘心和短截

栽植当年，苗木萌芽后选留 1～2 个生长健壮的新梢，沿小竹竿垂直向架面上生长，副梢留 1～2 叶摘心。新梢高度到架面钢丝下 20 cm 处摘心，同时留两个副梢，副梢垂直行平绑缚在架面钢丝上，形成两个臂，在行距×1/4～20 cm 处摘心，留 2 个副梢平绑缚于立柱上钢丝上，新梢每隔 6 片叶摘心，其上副梢留 1～2 叶摘心。生长旺盛的苗或品种可留副梢培养结果母枝。冬季修剪时两个臂视粗度留 8～10 芽短截修剪，或副梢留 1～2 芽短截。生长旺盛品种当年形成 H 型，生长缓慢或生长势弱的品种可第一年 T 型，第二年培养成 H 型。

9.3　刻芽和绑缚

第二年春季萌芽前 30 天～45 天将两个一年生臂基部的 5 个～7 个芽刻芽。新梢抽生后左右均匀垂直两臂绑缚在平网架面。

9.4　冬季修剪技术

9.4.1　欧美杂种及易成花品种

间隔 18～25 cm 配置结果母枝，极短梢修剪，延长枝回缩，第 2 根枝条为沿长枝，长梢修剪。

9.4.2　不易成花品种

基部留 1 个～2 个枝条，长梢修剪后平绑于两臂预备，结果母枝短梢修剪。多年后视树体间伐，形成主蔓间距 2.5m～3 m，主蔓长 5m～7 m，每株 50 ㎡～70 ㎡（株行距（10m～14 m）×5 m），亩栽 9 株～13 株左右。在 4 主蔓上均匀配置 18cm～25 cm 的结果母枝，极短梢修剪，每 4-5 年结果母枝从主蔓基部回缩，留 1 个隐芽培育更新结果母枝。

9.5　夏季修剪技术

按 DB32/T468-2001 执行，短梢修剪结果母枝萌发 2 个结果枝时保留基部枝条，基部枝条无花时保留有花枝条；采果后结果枝留 80cm～100 cm 剪去新梢前端。

9.6 花果管理

按 DB32/T468-2001 、DB32/T930-2006 执行 。

10 产量

正常投产后，每亩留 1800 个～2960 个结果枝，每结果枝小穗型品种留 2 穗，其他品种留 1 穗，产量控制在 1500 kg/亩以内。

ICS 65.020.20
B 31
备案号：33997-2012

DB32

江 苏 省 地 方 标 准

DB32/T 2092—2012

葡萄花穗果穗整形技术规程

Technical regulation of grape flower and fruit cluster pruning

2012-05-08 发布 　　　　　　　　　　　　　　2012-08-08 实施

江苏省质量技术监督局 发布

前　言

本规程按 GB/T1.1-2009《标准化工作导则　第 1 部分：标准的结构和编写》的规定编写。

本规程由南京农业大学提出。

本规程由南京农业大学负责起草。

本规程主要起草人:陶建敏、章镇、高志红、王三红、张萌。

葡萄花穗整形技术规程

1 范围

本规程规定了鲜食葡萄花穗整形技术的术语和定义。
本规程适用于鲜食葡萄花穗果穗整形。

2 规范性引用文件

下列文件中所包含的条款通过本规程中引用而构成本规程的条款。在标准出版时，所示版本均为有效。所有标准都会被修订，使用本标准的各方应探讨使用下列标准最新版本的可能性。
DB32/T 930-2006 葡萄全园套袋栽培技术规程

3 花穗整形

3.1 有核栽培技术的花穗整形

3.1.1 时期

四倍体品种开花前 2 周至花盛开，二倍体品种花穗上部小穗和副穗花蕾有开花时开始至盛开时结束。

3.1.2 方法

四倍体品种去除副穗及以下 8～10 小穗，去穗尖 1 cm～2 cm，留下部 15 段～17 段，开花前花穗长约 5 cm 左右。二倍体品种花穗留先端 18～20 段，长 8cm～10 cm 左右，穗尖去除 1cm。用 GA₃ 进行果实膨大处理时，留花穗下部 16 段～18 段小穗(开花时 6 cm～7 cm)，穗尖基本不去除(或去除几个花蕾 5 mm 左右)。

3.2 无核化栽培技术的花穗整形

3.2.1 时期

开花前 2 周至初花期。

3.2.2 方法

四倍体品种疏除副穗及以下小穗，保留穗尖 3cm～3.5 cm，8～10 段小穗，50 个～55 个花蕾。幼树、促成栽培方式、坐果不稳定的品种和类型适当轻剪穗尖，去除 5 个左右花蕾。三倍体品种保留穗尖 4cm～5 cm。二倍体品种疏除副穗及以下小穗，剪去穗尖 2 cm，保留穗前端 5cm～7 cm，15～20 段小穗，60～100 个花蕾。

4 果穗整形

4.1 疏果穗

葡萄单位面积产量=单位面积果穗重×单位面积果穗数，果穗重=果粒数×果粒重。花前疏花序留花量为目标产量留花量的 2 倍～3 倍。花后疏除果穗留果穗为目标产量 1.5 倍～2 倍，最终达到 1.2 倍左右。

根据单位面积留穗数确定单位面积的新梢数和需要叶片数。以巨峰葡萄为例，适宜的产量为每 1

亩收获 1.1 吨~1.3 吨，每亩着穗数为 2600 穗~3300 穗，负担一个果穗需要的叶片数为 30 片~40 片，新梢的平均叶片为 10 片~13 片，叶果比要求为（3~4）:1。

4.1.1 时期

于花后除穗 1 次~2 次。生长势较强的品种，花前的疏穗程度可以适当轻一些，花后适当重一些。生长势较弱的品种花前疏穗重一些。

4.1.2 方法

根据新梢的叶片数来决定果穗的疏留，先除去着粒过稀或过密的果穗，选留着粒适中的果穗。巨峰、藤稔等巨峰系四倍体品种，花穗整理后新梢长度大于 40 cm 时留 2 个花穗,20cm~40 cm 时留 1 个，20 cm 以下时不留花穗。生长势强旺的品种，如白罗莎里奥、美人指等，新梢 40 cm 以下时不留花穗，40cm~100 cm 时留 1 个大花穗，100 cm 以上时留 2 个花穗。

4.2 果穗确定

套袋时新梢长 100cm~150 cm、有 10 片~15 片叶时留 1~2 穗，新稍长 150cm~200cm、有 15 片~20 片叶时留 2 穗。疏穗时疏去基部果穗，留新梢前端果穗。

疏果粒

4.2.1 时期

与疏穗同时进行，结实稳定时宜尽早进行疏粒，树势过强且落花落果严重的品种适当推后；于盛花后 15~25 天完成。

4.2.2 方法

分除去小穗梗和果粒两种方法，过密的果穗适当除去部分支梗，果穗上部留果粒可适当多一些，下部适当少一些。巨峰系大粒品种留粒数为 3 粒×4 段，2 粒×8 段，1 粒×2 段，每穗 30 粒左右。其它品种根据果实大小、比例增加留果数和段数。

5 果穗套袋

按 DB32/T930-2006 的规定执行 。易产生日烧的品种，打伞袋或接合伞袋套袋。

ICS 65.020.20
B31
备案号：41174-2014

DB32

江　苏　省　地　方　标　准

DB32/T 2478—2013

葡萄标准园建设规范

Regulation of construction for grape standard garden

2013－12－30发布　　　　　　　　　　　　2014－01－20实施

江苏省质量技术监督局　　发　布

前　言

　　本标准按 GB/T 1.1-2009《标准化工作导则 第 1 部分:标准的结构和编写》、《标准化工作导则 第 2 部分:标准中规范性技术要素内容的确定》编制。

　　本标准由江苏省农业委员会提出。

　　本标准起草单位:江苏省园艺技术推广站、江苏省葡萄协会。

　　本标准起草人:陆爱华、陈宗元、徐卫东、钱晶。

葡萄标准园建设规范

1 范围

本标准规定了葡萄标准园建设的术语和定义、园地要求、栽培管理要求、采后处理要求、产品要求、管理制度要求和其他要求。

本标准适用于江苏省葡萄标准园建设。

2 规范性引用文件

下列文件对于本文件的应用是必不可少的。凡是注日期的引用文件,仅注日期的版本适用于本文件。凡是不注日期的引用文件,其最新版本(包括所有的修改单)适用于本文件。

NY/T 469-2001 葡萄苗木

NY/T 470-2001 鲜食葡萄

NY/T 496-2002 肥料合理使用准则 通则

NY 5087-2002 无公害食品 鲜食葡萄产地环境条件

NY 5088-2002 无公害食品 鲜食葡萄生产技术规程

DB32/T 602-2008 葡萄水平棚架式栽培生产技术规程

DB32/T 875-2005 葡萄"T"形架避雨栽培技术规程

DB32/T 930-2006 葡萄全园套袋栽培技术规程

DB32/T 1336-2009 鲜食葡萄病虫害综合防治技术规程

DB32/T 2091-2012 葡萄H形整形修剪栽培技术规程

DB32/T 2092-2012 葡萄花穗果穗整形技术规程

3 术语和定义

本标准采用下列定义

3.1

葡萄标准园 grape standard garden

指在优势产区集成技术建设的规模化种植、标准化生产、商品化处理、品牌化销售、产业化经营的葡萄生产标准化果园。

3.2

安全间隔期 safe interval period

指最后一次施药至采收前且残留量降到最大允许残留量所需的间隔时间。

4 园地要求

4.1 环境条件

葡萄标准园的土壤、空气、灌溉水质量符合 NY 5087-2002 的要求。

4.2 标准园规模

集中连片面积 500 亩以上，设施葡萄集中连片面积 100 亩以上。

4.3 功能区布局

需统一规划、科学设计、合理布局。具有农资供应与仓储体系、生产体系、技术服务体系、营销服务体系、信息网络系统及具备生产、采后处理、产品初步检测等设施设备。

4.4 基础设施

交通便利，园内水、电、路设施配套，涝能排，旱能灌，主干道路硬化，能通过运输车辆。园区主干道入口处设立植物检疫警示牌。

4.5 栽培模式

根据立地生态条件和生产实际，选择露地、避雨、促成、先避雨后促成、延迟、限根、防虫、防鸟、防风设施。对抗病性弱的欧亚品种需采用避雨、促成、先避雨后促成等设施。

5 栽培管理要求

5.1 种苗管理

5.1.1 品种选择

选用抗逆性强、抗病、优质、高产、商品性好、适应市场需求的品种，品种搭配宜根据市场需求早、中、晚熟及红、紫、黄、黑、绿等色泽比例协调。

5.1.2 砧木选择

选用抗根瘤蚜、抗根结线虫、抗旱、耐涝、耐盐碱、嫁接亲和力强的砧木品种。宜用S04、5BB等砧木品种。

5.1.3 种苗要求

实行种苗统育统供。苗木质量按NY/T 469-2001的规定执行。

5.2 土壤管理

宜采用生草（绿肥）、覆草、覆反光膜等土壤管理制度，适度中耕。

5.3 肥水管理

按NY 5088-2002和NY/T 496-2002的规定执行。提倡测土配方施肥，基肥以有机肥为主，适时追肥和根外追肥。提倡节水灌溉。

5.4 花果管理

5.4.1 疏果整穗

按DB32/T 2092-2012的规定执行。

5.4.2 控制产量

定产定果，亩产控制在1000kg左右。

5.4.3 全园套袋

按DB32/T 930-2006的规定执行。

5.4.4 优质果率

达85%以上。

5.5 树体管理

5.5.1 树形选择

平棚架宜选X形、H形、一字形；篱形架宜选Y形、T形。

5.5.2 整形修剪

按NY 5088-2002、DB32/T 602-2008、DB32/T 875-2005、DB32/T 2091-2012的规定执行。

5.5.3 新梢管理

5.5.3.1 抹芽

发芽后将不需要的瘦弱芽、双芽、歪芽、病虫芽抹去。

5.5.3.2 定梢和引缚

花序展开时去掉过多、过密的新梢，按定产要求保留一定数量的健壮结果枝和营养枝，长到40cm时按新梢与结果母枝垂直的方向引缚，延长枝按延长方向引缚，引缚时动作轻柔，以防从根部断梢。

5.5.3.3 摘心

开花前5-6天，结果枝在花序以上5-6片叶处摘心，发育枝有8-10片叶完全伸展时摘心。

5.5.3.4 除卷须

整个生长季及时除去所有卷须。

5.5.3.5 副梢处理

花穗下的副梢全部去掉，花穗上的一般留1-2叶反复摘心，过密处副梢全去。

5.5.4 树冠管理

合理密植，通过间伐、修剪等措施控制树冠。株间无严重交叉，树冠通风透光良好。植株生长整齐，缺株率≤2%。

5.6 病虫防控

实行病虫害统防统治，采用农业、物理、生物、化学等综合防治措施，全面应用杀虫灯、性诱剂和粘虫色板，病虫危害控制在经济阈值以下。科学使用农药，禁止使用高毒、高残留农药或其他禁用农药。方法按DB32/T 1336-2009的规定执行。

5.7 采收

5.7.1 安全间隔期

严格执行农药、肥料施用后采收安全间隔期。

5.7.2 采收期确定

根据果实成熟度、用度和市场需求确定，杜绝早采。成熟期不一致的品种应分期分批采收。

5.8 清园

将残枝落叶、果袋等废弃物及杂草清理干净，集中进行无害化处理，并进行越冬病虫害的清园消毒，保持果园清洁。

6 采后处理要求

6.1 设施设备

6.1.1 商品化处理

实行果品商品化处理。配置必要的预贮间，包括清理、分级、包装等采后商品化处理场地及配套的设施，如田间临时存放，应建有遮阳棚等简易设施。

6.1.2 冷链系统

有条件的地区应建立冷链系统，实行商品化处理、运输、加工、销售全程冷藏保鲜。

6.2 分等分级

按NY/T 470-2001的规定执行。

6.3 包装与标识

产品须经统一包装、附加标识后方可销售。标识要按照规定标明产品的品名、产地、生产者、生产日期、采收期、产品质量等级、产品执行标准编号等内容。包装材料不得对产品造成二次污染。

7 产品要求

7.1 安全质量

产品质量符合食品安全国家或行业标准。按NY/T 470-2001的规定执行。

7.2 产品认证

通过无公害食品水果产地认定和产品认证，有条件的积极争取通过绿色食品、有机食品和GAP认证及地理标志登记。

7.3　产品品牌

产品须统一品牌，且有一定市场占有率和知名度。实行果品品牌化销售。商标通过工商部门注册。

8　管理制度要求

8.1　农药化肥管理制度

实行农药化肥统购统供。配备农药、肥料专贮室。购买、存放、使用及包装容器回收处理，实行专人负责，建立进出库档案。

8.2　生产档案记录制度

统一印发生产档案本，完整记录生产管理包括使用的农业投入品的名称、来源、用法、用量和使用日期，病、虫、草害、生理性障碍及重要农业灾害发生与防控情况，主要管理技术措施，产品收获日期等。档案记录保存二年以上。

8.3　产品检测与准出制度

配备检测室和必要的常规品质检测设备、农药残留速测设备，对果实可溶性固形物含量测定和农药残留进行抽样检测，检测不合格的产品一律不得上市销售，销售的产品要有产地准出证明。

8.4　质量追溯制度

对标准园内生产者和产品进行统一编码，统一包装和标识，有条件的应用信息化手段实现产品质量查询。有条件的地区，需要记载果树营养诊断数据和施肥及矫正方案，确保从生产源头上控制果品产量质量。

9　其他要求

9.1　实施主体

农民专业合作组织或龙头企业。农民专业合作组织要按照《中华人民共和国农民专业合作社法》的要求注册登记，并规范运行。标准园要确定技术员和指导专家，负责技术指导和果农培训等相关工作。

9.2　树立创建标牌

9.2.1　标牌大小

2.5m×3m

9.2.2　标牌内容

标明标准园名称（编号）、创建地点、创建规模、树种、品种、生产目标、关键技术、技术负责人、实施单位、管理责任人等。

9.3　普及生产规程

制定先进、实用、操作性强的生产技术规程；生产技术规程要印发到每个种植户，张挂到标准园醒目位置，要切实按照生产技术规程进行田间管理。

9.4 建立工作档案

创建方案、产品质量安全标准、技术规程、生产档案、产品质量检测报告、工作总结等文件资料要齐全、完整，并分类立卷归档。

ICS　03.200
A12
备案号：46294-2015

DB32

江 苏 省 地 方 标 准

DB32/T 2729—2015

鲜果(草莓、葡萄、桃)采摘园服务规范

Fresh fruit(strawberry/grape/peach) plucking orchard service

2015 - 06 - 15 发布　　　　　　　　　　2015 - 08 - 15 实施

江苏省质量技术监督局　　　　发 布

前　言

为规范鲜果（草莓、葡萄、桃）采摘园服务，特制定本标准。

本标准按 GB/T 1.1-2009《标准化工作导则　第 1 部分：标准的结构和编写》的规定进行编写。

本标准由句容市农业委员会提出。

本标准起草单位：句容市农业委员会、镇江市句容质量技术监督局。

本标准主要起草人：张锐方、刘勇、赵凤丽、惠瑾、刘超。

鲜果(草莓、葡萄、桃)采摘园服务规范

1　范围

本标准规定了鲜果（草莓、葡萄、桃）采摘园服务规范的采摘园建设、交通、公共设施、安全、卫生、服务、服务质量监督。

本标准适用于草莓、葡萄、桃鲜果采摘园的服务活动。

2　规范性引用文件

下列文件对于本标准的应用是必不可少的。凡是注日期的引用文件,仅注日期的版本适用于本文件。凡是不注日期的引用文件,其最新版本（包括所有的修改单）适用于本文件。

GB 3095　环境空气质量标准

GB 3838　地表水环境质量标准

GB 5749　生活饮用水卫生标准

GB/T 10001.1　公共信息图形符号　第1部分：通用符号

GB/T 10001.2　标志用公共信息图形符号　第2部分：旅游休闲符号

GB/T 16766　旅游业基础术语

GB 18918　城镇污水处理厂污染物排放标准

LB/T 011　旅游景区游客中心设置和服务规范

LB/T 013　旅游景区公共信息导向系统设置规范

DB32/T 469　桃生产技术规程

DB32/T 590　草莓促成栽培技术规程

DB32/T 602　葡萄水平棚架式生产技术规程

DB32/T 1154　美人指葡萄避雨栽培技术规程

3　术语和定义

GB/T 16766中确立的及下列术语和定义适用于本标准。

3.1

采摘园 plucking orchard

以家庭农场、农业专业合作社、农业企业为建设主体,提供农家乐采摘体验和服务的农产品种植园。

3.2

采摘区 plucking area

各类适合采摘的农作物种植区。

鲜食葡萄标准化建设与实务

4 采摘园建设

4.1 环境

4.1.1 园内空气质量达到 GB 3095 的三级以上标准；地表水环境达到 GB 3838 的三类以上标准。

4.1.2 园内污水和废水经过处理后达到 GB 18918 生活污水排放标准。

4.1.3 园内建筑物建设与周围环境和景观和谐一致。

4.2 规模

4.2.1 草莓园 10 亩以上。

4.2.2 避雨棚架栽培葡萄园 10 亩以上、网架栽培葡萄园 20 亩以上。

4.2.3 桃园 30 亩以上。

4.3 品种布局

4.3.1 品种应多样、品质优良，应选择形状、大小、颜色不同的品种，不同品种应挂牌，标明品名、特点、成熟期等内容。

4.3.2 成熟期搭配适宜，应选择早、中、晚熟的不同品种，延长采摘期。

4.4 种植

4.4.1 草莓种植应符合 DB32/T 590 的要求。

4.4.2 网架栽培葡萄种植符合 DB32/T 602、避雨设施栽培葡萄种植符合 DB32/T 1154 的要求。

4.4.3 桃种植应符合 DB32/T 469 的要求。

5 交通

5.1 交通设施完善，道路通畅，路面平整坚实，进出方便。

5.2 应有固定的停车区域，且管理完善、布局合理，能满足游客接待量的要求。

5.3 采摘园区道路应配套成网，其中主干道宽应不小于 3.0m，支道宽应不小于 1.5m，并建成混凝土或砂石路面。主、支道路与种植棚（田边）应有硬化道路连接，与种植棚（田）连接的路宽不小于 1.2m。

5.4 采摘体验线路合理、道路平整，与采摘内容关联度高。

6 公共设施

6.1 游客中心

位置合理、规模适度、设施齐全、功能完善，符合LB/T 011的基本要求。

6.2 标志

6.2.1 公共标志规范，公共信息图形符号标志应符合 GB/T 10001.1 的规定，旅游休闲标志应符合 GB/T 10001.2 的要求。

6.2.2 旅游引导标识设置合理，符合 LB/T 013 的规定。

6.2.3 在易发生事故的区域和场所应设置安全标志。

6.3 休闲设施

公共休闲设施布局合理，数量充足且完好。

7 安全

7.1 应执行交通、消防、安全、食品、旅游等相关安全法律法规，确保游客生命财产安全。
7.2 安全设施及工具齐备、完好，维修、保养、更新及时，操作规范，专人负责。
7.3 应制定采摘高峰期游客分流方案。
7.4 应建立突发事件应急处理机制，预案完备，处理及时，档案记录规范。
7.5 危险地段防护设施齐备有效。
7.6 应配备急救箱和旅客常用药品。
7.7 应配备相应的消防设备。
7.8 应建立农产品质量安全体系。

8 卫生

8.1 卫生制度和措施健全，应定期进行卫生检查。
8.2 饮用水应符合 GB 5749 的要求。
8.3 应建有公共卫生间，且布局合理，建筑造型、色彩与环境协调。
8.4 垃圾箱数量应满足需要，并能及时处理垃圾。

9 服务

9.1 活动项目、内容、收费标准及注意事项有明显标识，公共信息资料内容丰富、特色突出、更新及时。
9.2 配备与规模相适应的采摘服务人员。
9.3 采摘服务人员应符合以下要求：
    a) 诚信、敬业、举止文明；
    b) 能熟练掌握所指导采摘果品的采摘技术、营养、食用等相关的信息；
    c) 能说普通话；
    d) 应有健康证明，无急慢性传染病。
9.4 游客进入园区后，有专人接待。在采摘活动开始前，采摘服务人员应对游客所进行活动的内容、操作要求与方法等进行讲解。
9.5 向游客提供适用于采摘对象的采摘用具与包装服务。

10 服务质量监督

公布服务质量监督电话，建立服务质量评价体系，及时地处理游客意见和建议。

ICS 65.020.20
B 31
备案号：47185-2015

DB32

江 苏 省 地 方 标 准

DB32/T 2817-2015

夏黑葡萄大棚促成栽培生产技术规程

Technical regulations for production of the early maturity cultivation of 'summer black' in plastic greenhouse

2015-09-10发布   2015-11-10实施

江苏省质量技术监督局   发 布

前 言

本标准按GB/T 1.1-2009《标准化工作导则 第1部分：标准的结构和编写》的规定进行编写。

本标准由江苏丘陵地区镇江农业科学研究所提出。

本标准由江苏丘陵地区镇江农业科学研究所、镇江万山红遍农业园起草。

本标准主要起草人：芮东明、郭建、刘吉祥、毛妮妮、王敬根、刘伟忠、刘照亭、阎永齐、鲁群。

夏黑葡萄大棚促成栽培生产技术规程

1 范围

本标准规定了夏黑葡萄大棚促成栽培的术语与定义、产地环境、设施类型、建园、大棚促成生产管理、采收和记录。

本标准适用于苏南、苏中夏黑葡萄大棚促成栽培。

2 规范性引用文件

下列文件对于本文件的应用是必不可少的。凡是注日期的引用文件，仅注日期的版本适用于本文件。凡是不注日期的引用文件，其最新版本（包括所有的修改单）适用于本文件。

NY/T 469-2001   葡萄苗木

NY/T 470-2001   鲜食葡萄

NY 5087-2002   无公害食品 鲜食葡萄产地环境条件

DB32/T 930-2006   葡萄全园套袋栽培技术规程

DB32/T 602-2008   葡萄水平棚架式栽培生产技术规程

DB32/T 1338-2009 鲜食葡萄夏黑种植管理技术规程

3 术语与定义

下列术语与定义适用于本标准。

3.1 大棚促成栽培

大棚促成栽培是指葡萄通过低温休眠后，于1月至2月将大棚用塑料膜覆盖，利用日光使之升温达到提早葡萄成熟的一种栽培方式。

4 产地环境

产地环境应符合 NY 5087-2002 的规定。

5 设施类型

设施类型可为简易连栋式小拱棚、单栋大棚、连栋大棚。简易连栋式小拱棚及连栋大棚宜采用水平棚架架式，单栋大棚宜采用篱架架式。

6 建园

6.1 园地整理与改土 按 DB32/T 1338-2009 的规定执行。

6.2 定植时间 以 2 月~3 月为宜。

6.3 定植密度

　　单栋大棚宜采用篱架架式，株距为 2m~3m、行距 2.7m，定植株数每亩 82 株~124 株。简易连株式小拱棚及连栋大棚宜采用水平棚架架式，水平棚架架式"一"字型、"飞鸟"型整形，株距为 3m、行距 3m，定植株数每亩 74 株；水平棚架架式"H"型整形，株距为 3m、行距 4m，定植株数每亩 56 株；水平棚架架式"X"型整形，株距为 3m、行距 5m，定植株数每亩 45 株。

6.4 苗木质量 按 NY/T 469-2001 的规定执行。

7 大棚促成生产管理

7.1 破眠剂使用

　　12 月中旬至 1 月中旬，用 20%石灰氮溶液（上清液）4-6 倍、50%单氰胺类药剂（如朵美滋）20-25 倍液或芽灵 15 倍液涂抹结果母枝（顶芽不涂）。

7.2 薄膜覆盖

　　选用 0.065mm~0.12mm 厚度的无滴防尘抗老化的聚乙烯薄膜，大棚宜于 1 月中旬~2 月中旬覆膜开始保温，5 月上旬揭围裙膜，保留顶膜，转为避雨栽培，8 月中下旬揭顶膜转为露地栽培。

7.3 温湿度调控

　　通过开、闭棚门和开、闭裙膜、棚内覆盖地膜调控棚内温湿度。大棚温湿度调控见表 1。

表1 大棚温湿度调控

物 候 期	温 度 （℃）		湿 度 （%）	
	最低	最高	最低	最高
覆膜封闭后至萌芽前	5	25	90	100
萌芽后至开花前	20	28	55	65
开花期	25	30	45	55
落花后至幼果生长期	20	32	55	65
5 月上旬至果实成熟期（转为避雨栽培）	20	35	45	55

7.4 花果管理

7.4.1 花穗整理

花前一周至初花，去副穗，疏去穗肩以下小穗 2 节～6 节，回缩过长小穗，剪去穗尖。保留花穗中部 22～25 个支梗。

7.4.2 植物生长调节剂处理

3 次处理，第 1 次处理，新梢展叶 8～9 叶，花穗浸 12.5 mg/L 赤霉酸，拉长花穗；第 2 次处理，在盛花期花穗浸 50mg/L 赤霉酸溶液，提高座果率；过 10～14 天，果穗浸 50mg/L 赤霉酸或果穗浸 50mg/L 赤霉酸加 5mg/L CPPU 进行第 3 次处理，促进果粒膨大。

7.4.3 疏穗疏粒

667m² 留果穗 3000 穗～3500 穗，坐果后和套袋前分 2 次定穗。落花后 15～25d，每穗留 65 粒～80 粒。

7.4.4 套袋 按 DB32／T930—2006 规范执行。

7.5 土肥水管理

7.5.1 土肥管理 按 DB32/T 1338-2009 的规定执行。

7.5.2 水分管理

大棚内宜采用膜下滴灌。覆膜封棚之后，萌芽至开花前隔 7-10 天滴灌一次水，果实生长期间隔 5～7 天滴灌一次水，采收前二周停止滴灌，防止裂果。

7.6 整形修剪 除"一"字型、"飞鸟"型整形修剪，其它按 DB32/T 1338-2009、DB32/T 602-2008 的规定执行。

7.6.1 "一"字型整形

第一年小苗定植发芽后，选长势强的 1 根新梢笔直诱引向上生长，当新梢长至棚面时，在棚下 30cm～50cm 处摘心，在摘心口下部，左右各选一根生长健壮的副梢作为第一主枝和第二主枝，沿棚面铁丝向前笔直生长，边生长边绑扎固定，主枝延长头生长至 7 月底、8 月底摘心，主枝上平网架后发生的副梢，留 8 叶摘心，主枝在平网架下部发生的副梢留 2-3 叶反复摘心。第 2 年开始在 2 根主枝上直接培养结果枝。

7.6.2 "飞鸟"型整形

在水平棚架立柱顶向下 30cm 处沿行向拉设一道 10 号镀锌铁丝拉线，作为主枝诱引线，与上部的拉线共同构成"飞鸟"型架面。第一年定植小苗发芽后，选留 2 个健壮的新梢，其中 1 根新梢长约 30cm 时摘心，另 1 根新梢引缚到竹杆上，令其笔直向上生长，当新梢长至棚面时，在诱引线下 5cm 处摘心，在摘心口下部，左右各选一根生长健壮的副梢作为第一主枝和第二主枝，沿着主枝诱引线相反方向生长，边生长边绑扎固定，主枝延长头生长至 7 月底、8 月底摘心。主枝两侧培养副梢，与水平方向呈 45°～60° 倾角，向架面上第一道铁丝诱引生长，并压平在第二道铁丝上，副梢生长达到 8 叶时摘心，主干上发生的副梢留 2-3 叶反复摘心。第 2 年开始在 2 根主枝上直接培养结果枝。

7.6.3 冬季修剪

选择木质化程度高，基部粗度 0.8cm～1.5cm，芽眼饱满、充实的枝条为结果母枝，结果母枝留 2 个芽修剪。

7.7 新梢管理 按 DB32/T 1338-2009 的规定执行。

ICS 65.020.20
B31
备案号：51413-2016

DB32

江 苏 省 地 方 标 准

DB32/T 2967—2016

阳光玫瑰葡萄设施生产技术规程

Rules of production technology of Shine Muscat grape under the protected cultivation

2016－09－20 发布 2016－11－20 实施

江苏省质量技术监督局 发 布

前　言

　　本规程按GB/T1.1-2009《标准化工作导则　第1部分：标准的结构和编写规则》和GB/T1.2-2002《标准化工作导则　第2部分：标准中规范技术要素内容的确定方法》的规定编写。

　　本规程由南京农业大学提出。

　　本规程由南京农业大学负责起草。

　　本规程主要起草人:陶建敏、王三红

阳光玫瑰葡萄设施生产技术规程

1　范围

本标准规定了阳光玫瑰葡萄设施生产的产地环境、园地选择、园地规划设计、定植苗木质量、定植、生产指标、栽培方式、土肥水管理、整形修剪、花果管理、病虫害防治、采收、整理和贮存、记录的具体指标和技术要求。

本标准适用于设施栽培条件下的阳光玫瑰葡萄生产。

2　规范性引用文件

下列文件中所包含的条款通过本标准的引用而构成本规程的条款。在标准出版时，所示版本为有效。所有标准都会被修订，使用标准的各方应探讨，使用下列标准最新版本的可能性。

NY/T 469—2001　葡萄苗木

NY/T 857—2004　葡萄产地环境技术条件

NY 5086-2005　无公害食品 落叶浆果类果品

DB32/T 875—2005　葡萄"T"形架避雨栽培技术规程

DB32/T 930—2006　葡萄全园套袋栽培技术规程

DB32/T 1154—2007　美人指葡萄避雨栽培生产技术规程

DB32/T 1334—2009　绿色食品 美人指葡萄生产技术规程

DB32/T 1336—2009　鲜食葡萄病虫害综合防治技术规程

3　产地环境

大气、土壤、灌溉水质应符合NY／T 857—2004中的要求。

4　园地选择

选择地下水位不高于0.8 m，土质为砂壤土或壤土地块建园。

4.1　园地规划设计

根据园地条件、面积，规划若干作业区，每个作业小区以长100 m、宽度50 m为宜，小区间留作业道；园地四周建防风林，树种以乔木为主。

4.2　设施与架式

采用设施栽培、连栋避雨或简易避雨栽培。棚体构造、薄膜选择、覆揭膜时间参照DB32／T 1154中6、7和DB32／T 875 —2005中9执行。

架式采用平棚架或"高宽垂"T型架。

5 定植苗木质量

选择符合NY/T 469—2001相关要求的葡萄苗木。砧木建议用5BB。

6 定植

6.1 开挖定植沟

定植沟南北走向；沟深0.6 m～0.8 m、宽0.8 m～1.0 m，沟中分层施入腐熟有机肥，与土混合。沟土覆盖到垄面，形成深沟高垄。

6.2 定植时间

2月上旬到3月中旬。

6.3 定植密度

水平棚架株行距为3 m×（5.0～6.0）m "高宽垂" T型架式株行距为3.0 m×3.0 m。树大后扩冠逐年间伐。

6.4 苗木消毒

定植前苗木根系采用70%甲基托布津700倍液消毒，苗木用波美3度～5度石硫合剂消毒。

6.5 定植方法

舒展根系，高垄堆土浅栽，嫁接苗嫁接口应露出土面，压实浇透定植水后覆盖黑地膜。

7 生产指标

7.1 树相指标

7.1.1 修剪后亩结果母枝留量1000～1500根。

7.1.2 结果母枝发芽率80%以上。

7.1.3 叶面积系数1.8～2.2。

7.1.4 新梢生长量120 cm～150 cm。

7.1.5 生长期架面透光度20%～30%。

7.1.6 亩留果穗2500穗～3000穗。

7.1.7 果实可溶性固形物18%。

7.2 产量指标

投产后，产量1500 kg～2000 kg/亩。

8 土肥水管理

8.1 土壤管理

8.1.1 改土

a) 条沟改土 由定植沟逐年向行间开挖深 0.5 m、宽 0.4 m 施肥沟，分层施入有机物及有机肥，与土混合。

b) 放射沟改土 成年树树干向外，开挖深 0.45 m、宽 0.4 m、长 1.5 m 放射沟，分层施入有机物及有机肥，与土混合。

c) 环状沟改土 成年树树干向外，开挖深 0.5 m、宽 0.4 m 环状沟，分层施入有机物及有机肥，与土混合。

8.1.2 松土、除草

人工或机械松土、除草，清洁果园。

8.1.3 土壤覆盖

5月底，用秸秆等有机物覆盖树盘或全园，覆盖厚度0.2 m～0.3 m，夏季降低地温，保持土壤湿度，有利于根系生长。

8.2 肥料使用管理

8.2.1 基肥

最佳施用时间为9月底至10月底，以腐熟的鸡粪、猪粪等有机肥为主，混合过磷酸钙，幼树每亩施有机肥1000 kg～1500 kg，成龄树每亩施有机肥1500 kg～2000 kg，过磷酸钙50 kg～100 kg。采用条沟、放射沟或环状沟方法施入。

8.2.2 追肥使用的时间、用量、方法

果实膨大期和浆果软化初期，每亩施复合肥25 kg，硫酸钾20 kg，采用沟施。在浆果软化初期，结合防病叶面喷施0.2%磷酸二氢钾，间隔10 d左右再喷一次。

8.3 水分管理

8.3.1 灌水

根据气候、不同生长期、土壤湿度决定灌水量，田间持水量应为65%～85%。萌芽期、幼果膨大期，采用浇灌、滴灌方式满足植株需水，果实成熟期，应控制灌水。

8.3.2 排水

当土壤湿度达到或超过田间持水量标准时，应及时排水。对于连栋避雨棚，四周排水沟深度不低于0.8 m；简易避雨棚行间排水沟深度0.2 m～0.3 m，主沟深度不低于0.8 m。

9 整形修剪

9.1 整形

"高宽垂"架式采用"一字型"整形；水平棚架采用"H型"整形。

9.2 新梢管理、冬季修剪

9.2.1 新梢管理

    a) 抹芽除梢 萌芽期抹除副芽、隐芽、不定芽，分2～3次进行。见花穗后根据架面新梢密度情况抹除过密新梢。
    b) 绑枝 分批绑扎，将新梢均匀绑扎在架面铁丝上。
    c) 摘心 主梢生长至80 cm摘心，弱梢不摘心，副梢留1～2叶反复摘心。
    d) 疏枝 新梢间距15 cm～20 cm 为宜，疏除过密新梢。

9.2.2 冬季修剪

每个结果母枝基部留2个芽，极短梢修剪。

10 花果管理

10.1 花穗整理

花前一周至初花，去除副穗及以下小穗，留穗尖4 cm～6cm（15-20节），70～80个花蕾。花期结果枝新梢100 cm 以上留2花穗，50 cm～100 cm留1花穗。50 cm 以下不留花穗。

10.2 果穗整理

10.2.1 疏果

落花10 d后疏果，每穗留果60～70粒。

10.2.2 疏穗

花后3周进行疏穗，每亩留果穗2000～3000穗，分2～3次定穗。

10.2.3 套袋

防止日灼和气灼，先套伞袋，果实硬核期后套袋，按DB32／T930执行。

10.3 无核化处理

一次处理方法：花后2～3 d用25 mg/L GA$_3$处理一次，花后10～15 d用25 mg/L GA$_3$＋5 mg/L CPPU再处理一次。

二次处理方法：花后7～10 d用 25 mg/L GA$_3$＋10 mg/L CPPU处理一次。

11 病虫害防治

11.1 设施葡萄主要病虫害

设施栽培条件下，主要抓好几个关键时期的病虫害防治。在春季展叶期2～3叶，防治白粉病、绿盲蝽和红蜘蛛；花穗露出期，防治灰霉病；开花前，防治灰霉病、白粉病和透翅蛾；花后一周，防治白粉病；套袋前，防治炭疽病和白粉病。

11.2 农业及物理防治措施

结合冬季修剪，彻底清园，剪除病果、病穗、卷须，清除地面枯枝落叶，减少果园内病菌基数；雨后及时排水，防止园内积水，降低田间湿度；间伐过密植株，加强枝蔓管理，改善果园通风透光条件；增施磷、钾肥，提高植株抗病力；生长季节中，及时摘除病叶、病枝、病果、集中烧毁或深埋；拔除病毒植株，防止扩散蔓延；实行全园套袋；在葡萄树下覆盖作物秸秆，阻止尘土和雨水飞溅，隔离病菌传染源。在园内安装诱蛾灯、人工捕捉害虫。

11.3 化学防治原则

11.3.1 使用的农药必须符合 NY 5086-2005 和 DB32/T 1336-2009 的规定。

11.3.2 配料优先选用中等毒性以下的植物源、动物源、微生物源农药，矿物油和植物油制剂，矿物源农药中的硫制剂和铜制剂；按照农药安全间隔期，轮换用药。

11.3.3 主要病虫害防治 参照 DB32/T 1334-2009 执行。

12 采收

12.1 当浆果充分发育成熟，果皮呈浅绿色或绿色泛黄，表现出阳光玫瑰葡萄固有色泽和风味时采收，采收前 15 天停止灌水。

12.2 采收应在天气晴朗的早上和下午气温下降后进行，避开中午高温时段采收。

12.3 采收从 8 月中下旬开始，一直可延续到 11 月上旬。

13 整理和贮存

13.1 采收下来的葡萄应进行果穗修整，剔除病、伤、烂果粒及小果粒，分级包装。

13.2 整理包装间的环境卫生和人员卫生应符合食品卫生要求。

13.3 分级包装的葡萄，采用瓦楞纸箱盛装。箱的大小以市场适销为宜。

13.4 暂不上市销售的葡萄，入贮存库暂存。入库前先在预冷库预冷 12～24 h，预冷温度控制在-2～0 ℃，预冷结束后入保鲜库贮存，保鲜库温控制在 0～1℃，相对湿度为 90％左右。

14 记录

对生产全过程进行记录，确保葡萄质量可追溯。生产档案不少于2年。

ICS 65.020.20
B05
备案号：

DB3211

镇 江 市 农 业 地 方 标 准

DB3211/T 113—2008

贵公子葡萄避雨栽培技术规程

Rules of Productive Technology for the Guigongzi Grape by Rain-cut Cultivation

2008-12-28 发布 2009-01-18 实施

江苏省镇江质量技术监督局 发布

前 言

为规范我市贵公子葡萄避雨栽培，特制定本标准。

本标准按GB/T 1.1-2000《标准化工作导则 第1部分：标准的结构和编写规则》、GB/T 1.2-2002《标准化工作导则 第2部分：标准中规范性技术要素内容的确定方法》的规定进行编写。

本标准由江苏丘陵地区镇江农业科学研究所、镇江万山红遍农业园提出。

本标准由镇江万山红遍农业园起草。

本标准主要起草人：芮东明、阎永齐、蒋水平。

本标准于2008年12月28日首次发布。

引　言

　　贵公子葡萄属欧亚种葡萄，日本引进。果穗大，500g～700g，果粒椭圆形至倒卵形，粒重8g～13g。绿黄色至白黄色，表皮光洁，无斑点，很漂亮。皮薄但强韧不裂果，果肉紧脆，果皮与果肉难分离，含糖量很高，可溶性固形物17%～19%，含酸量低，口感鲜美脆甜，风味纯正，品质极上。果穗牢韧，不落粒，耐贮运，长势强，抗病力较强。

　　本地应采用避雨栽培，鲜果于8月下旬成熟。深受消费者欢迎，市场前景日益看好。

　　随着我市葡萄产业的发展，栽培规模逐年扩大，实施优质无公害标准化生产就显得十分重要。本标准的制定旨规范其避雨栽培模式，采用无公害标准化栽培技术，提高贵公子葡萄的产量和质量，为市场提供优质安全的应时鲜果。

　　本标准具体指标，是依据本地贵公子葡萄生产的实际确定的，简洁通俗，便于操作，对贵公子葡萄无公害标准化生产具有重要的指导意义。

贵公子葡萄避雨栽培技术规程

1 范围

本标准规定了贵公子葡萄避雨栽培技术规程的术语和定义、树相指标、产地环境、建园、避雨架式、薄膜覆盖、土肥水管理、整形修剪、花果管理、间伐、病虫害防治、采收和记录。

本标准适用于贵公子葡萄避雨栽培的的生产。

2 规范性引用文件

下列文件中的条款通过本标准的引用而成为本标准的条款。凡是注日期的引用文件，其随后所有的修改单（不包括勘误的内容）或修订版均不适用于本标准，然而，鼓励根据本标准达成协议的各方研究是否可使用这些文件的最新版本。凡是不注日期的引用文件，其最新版本适用于本标准。

NY/T 469-2001 葡萄苗木

NY/T 470-2001 鲜食葡萄

NY 5087-2002 无公害食品 鲜食葡萄产地环境条件

DB32/T 875-2005 葡萄"T"形架避雨栽培技术规程

DB32/T 930-2006 葡萄全园套袋栽培技术规程

3 术语和定义

NY/T 470-2001中确立的以及下列术语和定义适用于本标准。

3.1

避雨栽培 rain-cut cultivation

以避雨为目的，在植株树冠顶部搭建防雨棚，覆盖塑料薄膜遮断雨水的栽培方式。

3.2

贵公子葡萄 guigongzi grape

欧亚种，日本植物原葡萄研究所用Rosaki和Muscat of Alexandria杂交育成。

4 树相指标

4.1 果穗重 600g～800g。

4.2 每穗留果 70 粒～90 粒。

4.3 667 ㎡留果穗 1500 穗～2000 穗。

4.4 667 ㎡产量 1000kg～1500kg。

4.5 新稍生长量水平棚架式 0.8m～1.5m，"T"形架式 1.5m～2.0m。

4.6 667 ㎡结果母枝留量 1000 根～1200 根。

4.7 新稍成熟度 70％以上。

4.8 叶面积指数水平棚架式 1.5～2.0。

4.9 生长期架面透光度 30％。

4.10 结果母枝发芽率 60％以上。

5 产地环境条件

符合NY 5087-2002的规定。

鲜食葡萄标准化建设与实务

6 建园

6.1 园地选择

选择排水较好，耕层深厚，土壤肥沃，适宜土壤pH6.0～7.5，地下水位0.8m以下的园地。

6.2 园地规划

应根据园地条件、面积和架式进行规划，每个作业小区以长度100m、宽度50m为宜，小区间留作业道，行向宜南北向，在园地四周应建防风林，园地面积较大时，每条小区道路两侧再建防风林，防风林树种以乔木为主，应避免与葡萄共生病虫互相传播。

6.3 苗木质量

符合NY/T 469-2001规定的贵公子葡萄苗木。

6.4 定植

6.4.1 挖定植沟

开挖深0.7m～0.8m、宽0.8m～1.2m定植沟，分层施入农作物秸杆及有机肥，每667㎡施腐熟有机肥1500kg～2000kg，与土混合均匀。

6.4.2 定植时间

二月上旬到三月下旬。

6.4.3 定植密度

篱架栽培株距为2m～3m、行距2.7m，定植株数每667㎡为82株～124株。水平棚架栽培株距为1.5m～2m、行距6m，定植株数每667㎡为56株～74株。

6.4.4 苗木消毒

定植前苗木根系采用70％甲基托布津700倍液消毒，苗木用3度～5度石硫合剂消毒。

6.4.5 定植方法

修剪根先端部，梳理根系，高垄堆土浅栽，嫁接苗嫁接口应露出土面，栽后浇透水，再覆盖长、宽各1m的黑地膜。

7 避雨棚式

7.1 简易避雨棚式

按DB32/T 875-2005规定执行。

7.2 单栋避雨棚式

大棚的棚宽6.0m、棚高3.2m、肩高1.8m、长度50m～60m。

7.3 连栋避雨棚式

在水平棚架的上方架设连栋避雨棚，避雨棚顶部与水平棚架距离为1.5m，棚面高度为1.8m～2.0m。

8 薄膜覆盖

8.1 薄膜选择

选用0.065㎜～0.12㎜厚的无滴防尘抗老化的聚乙烯薄膜。

8.2 盖膜时间

3月底～4月初。

8.3 揭膜时间

11月中下旬。

9 土肥水管理

9.1 土壤管理

9.1.1 改土

9.1.1.1 条沟改土

由定植行逐年向行间开挖深0.5m、宽0.4m施肥沟，分层施入农作物桔杆及有机肥，与土混合。

9.1.1.2 放射沟改土

成年树树干向外开挖深0.45m，宽0.4m，长1.5m放射状沟，分层施入农作物桔杆及有机肥，与土混合。

9.1.1.3 环状沟改土

成年树树干向外，开挖深0.5m，宽0.4 m环状沟，分层施入农作物桔杆及有机肥，与土混合。

9.1.2 松土、除草

人工或机械松土、除草、清洁果园。

9.1.3 土壤覆盖

5月底，用稻草等有机物覆盖树 或全园，覆盖厚度0.2m～0.3m，   低地 ，   土壤   度，
有 于根系生长   可覆 光膜， 低土壤 度， 进葡萄着色。

9.2 肥料运筹

9.2.1 基肥

与改土作业结合进行，最佳使用时间为9月底至10月底，以腐熟的鸡粪等有机肥为主，混加过磷酸钙，幼树每667m²施有机肥1000kg～1500kg，成龄树每667m²施有机肥1500kg～2000kg、过磷酸钙50kg。

9.2.2 追肥

果实膨大期和着色期，每667m²施复合肥25kg、硫酸钾20kg，采用沟施。

9.2.3 根外追肥

在着色初期，叶面喷施0.2％磷酸二氢钾，间隔10天左右再喷施1次。

9.3 水分管理

9.3.1 灌溉

保持田间持水量在65％～85％。在萌芽期、幼果膨大期，采用浇灌、小灌促流、滴灌方式满足植株需水。果实成熟期应控制灌溉。

9.3.2 排水

当土壤湿度达到饱和田间持水量后要及时排水。采用明沟排水，由总排水沟、干沟和支沟组成，比降为0.3％～0.5％。

10 整形修剪

10.1 整形

简易避雨、单株避雨方式采用篱架双"Y"型整形，连株避雨方式采用水平棚架"X"型、"H"型整形。

10.2 新梢管理

10.2.1 抹芽除梢

萌芽期抹除副芽、隐芽、不定芽，分2次～3次进行。见花穗后根据架面新梢密度情况抹除过密新梢。

10.2.2 绑枝

分批绑扎，均匀绑扎在架面铁丝上。

10.2.3 摘心

"Y"型整形，主梢生长达5叶～7叶时反复摘心；水平棚架"X"型整形，主梢生长达13叶时反复摘心，副梢1叶～2叶时反复摘心。

10.2.4 疏枝

篱架栽培时新梢间距20㎝～25㎝为宜，水平棚架栽培新梢留量5根/m²～6根/m²，疏去过密新梢，提高架面透光度。

10.3 冬季修剪

10.3.1 结果母枝选择

DB3211/T 113—2008

选择木质化程度高，基部粗度0.8cm～1.5cm的结果母枝，并且芽眼饱满，枝条充实。

10.3.2 结果母枝修剪

采用中长梢修剪，留8个～12个芽修剪。

11 花、果管理

11.1 花穗整理

花前一周至初花，去副穗，疏去穗肩以下小穗2节～6节，回缩过长小穗，剪去穗尖。留穗长度小于12cm、穗宽度小于10cm。

11.2 果穗整理

11.2.1 疏穗

按树相指标定穗，疏除坐果差、穗形不整齐、碰伤果、病果等果穗，667㎡留果穗1500穗～2000穗，坐果后和套袋前分2次定穗。

11.2.2 疏粒

落花后10d～30d，每穗留70粒～90粒。

11.3 套袋

按DB32/T 930-2006规定执行。

12 间伐

定植后2年～3年，视树体生长情况进行第一次间伐，采用隔株间伐。第4年～第8年根据植株生长情况，再次分期进行间伐。

13 病虫害防治

13.1 防治原则

按照"预防为主，综合防治"的植保方针，坚持以"农业防治、物理防治、生物防治为主，化学防治为辅"的无公害治理原则。

13.2 农业防治

结合冬季修剪，剪除病果、病穗、卷须，清除地面枯枝落叶，减少园内病菌来源；雨后及时排水，防止园内积水，降低田间湿度，间伐过密植株，使通风透光良好；改善果园通风透光条件，降低果园湿度、增施磷、钾肥，提高植株抗病力；生长季节中，及时彻底摘除病叶、病枝、病果、集中烧毁或深埋；拔除病毒植株，防止扩散蔓延。

13.3 主要病虫害的化学防治

农药的使用应符合GB/T 8321（所有部分）的规定。主要病虫害防治见表1。

表1 主要病虫害的化学防治

物候期	防治对象	防治方法
萌芽前（鳞片松动）	铲除越冬病菌	地面和树体喷5波美度石硫合剂，或45%晶体石硫合剂30倍
新梢生长期（花前10天左右）	预防性用药	70%代森锰锌800倍～1000倍或50%多菌灵800倍～1000倍
始花前	灰霉病、白粉病	50%速克灵1000倍、70%甲基托布津800倍～1000倍
终花后	灰霉病、白粉病、葡萄粉蚧、红蜘蛛	73%克螨特1500倍～2000倍、48%乐斯本1500倍、62.25%仙生600倍

续表 1　主要病虫害的化学防治

物候期	防治对象	防治方法
套袋前	白粉病、白腐病、葡萄粉蚧、红蜘蛛	10％世高1500倍～2000倍、50％施保功1000倍
浆果硬核至软花期（花后30天～40天）	白粉病、白腐病	45％晶体石硫合剂400倍～600倍
采收后	预防	1：1：200倍波尔多液、78％科博600倍

14　采收

当浆果已充分发育成熟，果皮呈黄绿色时，按贵公子葡萄质量标准有关规定采收。

15　记录

建立产品质量安全追溯体系，记录保存三年。

ICS65.020.20
B31

DB3211

镇 江 市 地 方 标 准

DB3211/T 174—2014

鲜食葡萄病虫害综合防治技术规程

Integrated pest management technical regulations of table grape pest

2014-12-31 发布　　　　　　　　　　　　　　2015-02-01 实施

江苏省镇江质量技术监督局 发布

前　言

为确保鲜食葡萄安全高效生产，结合国内外最研究成果和生产实际应用，规范鲜食葡萄病虫害绿色防控技术，特制定本标准

本标准参照 GB/T1.1-2009《标准化工作导册 第 1 部分：标准的结构和编写》的规定进行编写。

本标准由江苏丘陵地区镇江农业科学研究所提出。

本标准由江苏丘陵地区镇江农业科学研究所、江苏省绿盾植保农药实验有限公司起草。

主要起草人：吉沐祥、芮东明、李国平、杨敬辉、姚克兵、庄义庆、肖婷、吴祥、陈宏州。

DB3211/T 174—2014

鲜食葡萄病虫害综合防治技术规程

1 范围

本标准规定了鲜食葡萄病虫害综合防治技术规程的防治原则、产地环境、农业防治、物理防治、生物防治、化学防治、记录。

本标准适用于鲜食葡萄绿色生产过程中的病虫害防治。

2 规范性引用文件

下列文件对于本标准的应用是必不可少的。凡是注日期的引用文件，仅注日期的版本适用于本文件。凡是不注日期的引用文件，其最新版本（包括所有的修改单）适用于本文件。

GB 2763 食品安全国家标准 食品中农药最大残留限量
GB/T 8321 农药合理使用准则
NY/T 391 绿色食品 产地环境质量
NY/T 393 绿色食品 农药使用准则
NY 5087 无公害食品 鲜食葡萄产地环境条件
NY/T 5088 无公害食品 鲜食葡萄生产技术规程
DB32/T 930 葡萄全园套袋栽培技术规程

3 防治原则

3.1 预防为主、防重于治、综合防治的原则。

3.2 多施有机肥，少施化学肥料和化学农药，采用科学合理的栽培管理方式。

3.3 综合运用保健抗病、生态防病、栽培防病、生物防治、辅助化学防治等措施，从葡萄病虫害的消长动态角度出发来研究其预防控制，将病虫害控制在经济允许的范围内。

3.4 禁用高毒高残留农药，有限度使用农用抗生素、有机合成的化学农药。合理选用药剂及药剂组合、对症下药、适时用药，严格执行农药的使用浓度、使用方法和安全间隔期规定。

3.5 轮换与交替用药，防止连续使用同一种药剂而影响葡萄产品质量安全和产生抗（耐）药性。

4 产地环境

应符合NY 5087、NY/T 391的规定。

5 农业防治

5.1 选择抗病虫害的优良葡萄品种和脱毒苗木。引入的苗木、插条等要进行检疫。

5.2 应符合NY/T 5088相关要求。根据品种特性选择栽培方式，有条件采用棚架避雨栽培；重视测土配方施肥、增施农家肥和磷钾肥、补充钙镁硼肥；合理疏花疏果，适当提高结果部位；园内枝蔓不郁闭，保持通风透光良好。

5.3 葡萄生长期间，实施节水灌溉，采用微喷滴灌设施。

5.4 清洁田园。休眠期结合冬剪，剪除有病虫枝蔓，刮剥老枯皮，清除枯枝落叶集中烧毁或深埋。生长期及时剪除病果、病枝、病叶，并带出果园销毁。

5.5 葡萄主要生理病害与防治措施见附录A。

6 物理防治

6.1 诱杀

采用色板诱杀、糖醋瓶诱杀、杀虫灯等诱杀害虫。

6.2 覆盖阻隔

地面覆盖作物秸秆或垄面覆盖银黑地膜或种植三叶草等豆科作物，防止土壤湿度变幅。棚上设置防鸟网。

6.3 套袋

实行全园果穗套袋。套袋技术要求执行 DB32/T 930 的规定。

6.4 趋避

害虫发生前，给合防病，用 1:2:160 波尔多液（硫酸铜 1kg，生石灰 2kg，水 160kg）喷雾，连续 2 次，间隔 15d。

7 生物防治

7.1 采取摇动树枝让成虫掉落在地上，人工捕捉收集处理；果园里放养鸡、鸭等家禽，捕食害虫。

7.2 保护七星瓢虫、龟纹瓢虫、草龄、食蚜蝇等天敌来控制害虫数量。

7.3 在葡萄田间挂设斜纹夜蛾、透翅蛾等性诱器，每 667m² 放置 1 只~2 只性诱器。诱捕器的最佳使用高度 1.2m，每 2d~3d 清理一次诱杀的蛾子，20d 左右及时更换诱芯。

7.4 在葡萄开花后每隔 20 d~30d，结合防病分别在全株上喷施 2 次~4 次 0.14%赤·吲乙·芸苔可湿性粉剂（碧护）15000 倍液，或 0.003%丙酰芸苔素内酯水剂 3000 倍~5000 倍液，或 0.01%芸苔素内酯可溶液剂 2000 倍~3000 倍液，或 3%超敏蛋白微粒剂 4000 倍~5000 倍液等生物制剂，以及氨基酸或海藻素等生物叶面肥。

7.5 使用中等毒性以下微生物源、植物源、动物源农药，详见附录 B、附录 C。

8 化学防治

具体药剂选择与操作方法，详见附录 B、附录 C。

9 记录

记录应清晰准确，主要包括已防治病虫害种类、防治措施、药剂选择种类、使用方法和具体时间、其他相关的农业措施，产品流通的相关包装、出入库和销售记录，以及产品销售后的申、投诉记录等。记录保存 3 年以上。

附　录　A

（资料性附录）

葡萄主要生理性病害防治措施

葡萄主要生理性病害防治措施见表 A.1。

表 A.1

病害名称	防治措施
水罐子病	1、采用抗病品种。生产中应选择非生长旺盛的砧木。 2、控制树势，加强田间管理。降低氮肥使用量，增施有机肥和根外喷施 0.2%磷酸二氢钾，0.14%赤·吲乙·芸苔可湿性粉剂15000 倍液，以及含镁钙叶面肥。 3、合理控制果实负载量，增加叶片数量，减少二次果。 4、多留主副梢叶片。
日灼病（日烧病）	1、降低地下水位，雨后及时排水。 2、合理施肥，控制氮肥使用量。 3、夏季修剪不宜过重，适当多留副梢，果穗着生部位多留叶片，防止太阳直射果面。 4、采用葡萄专用袋，浆果硬核前套袋。
生理性裂果	1、　采用避雨栽培，地表面银黑色或黑地膜覆盖降低根系、叶片及果实对水分的过量吸收。 2、　增加土壤有机质含量，改善土壤通透性，减小土壤水分变化。适时灌水，不宜大水沟灌，采用管道微滴灌溉等。 3、增施钙肥和钾肥，提高果皮的韧度与厚度。（有机肥混施钙镁肥 8kg-10kg/666.7㎡ 开沟基施、果实膨大期和采收前用硝酸钙醋酸钙或氨基酸钙 1%喷施；硫酸钾 5kg-10kg 穴施，喷施磷酸二氢钾 0.5%-0.8%，或硫酸钾 0.8%－1%）。 4、控制产量，提高叶面积。 5、果粒着生紧密的品种，适当调节果实着生密度。 6、对果实进行套袋。
生理落叶病	1、加强栽培管理，改善根系生态环境，提高吸水功能及叶片抗高温的能力。 2、采用宽畦高垄耕作法，降低地下水位。
黄化病（缺素症）	1、　缺镁时，用 0.2-0.3%的硫酸镁溶液喷施叶面 2-3 次。 2、　补铁时，用硫酸亚铁中加入柠檬酸或黄腐酸配制成复合铁制剂，连续喷 2-3 次。 3、改良土壤，增施有机肥。
叶片焦枯	1、保持土壤湿润、疏松。 2、盐碱地要土壤改良，多施有机肥和生理酸性肥料，不使用含盐分的水，地面覆盖薄膜。 3、施用有机肥料要充分腐熟；追施肥料要少施勤施；喷施叶面肥，浓度不要过高。 4、注意农药使用浓度和合理混配；不要在盛夏中午或露水未干时用药；严格掌握使用的时期和浓度。如石硫合剂一般在芽休眠期使用浓度可为 3-5 波美度，在芽萌动期，使用浓度控制在 1.5 波美度以下。 5、增施钾、钙等肥料。田间发现缺钾时，6-7月可追施草木灰、硫酸钾和过磷酸钙等。

DB3211/T 174—2014

附　录　B
（资料性附录）
葡萄主要病虫害药剂选择和防治方法

B.1　葡萄病害的防治

B.1.1　生物药剂防治

B.1.1.1　微生物杀菌剂

1000亿活孢子/克枯草芽孢杆菌可湿性粉剂1000倍液、或10万孢子/克寡雄腐霉菌4000倍～6000倍液，或2亿活孢子/克哈茨木霉菌可湿性粉剂600倍液，或10亿活孢子/克解淀粉芽孢杆菌可湿性粉剂500倍液（炭疽病、灰霉病等），在病害发生前预防。。

B.1.1.2　生物抗生素杀菌剂

4%嘧啶核苷类抗生素水剂400倍(霜霉病、白粉病、炭疽病)，3%多抗霉素水剂800倍液（灰霉病、白粉病、白腐病等），或2%武夷菌素水剂200倍液（白腐病、白粉病等），3%中生菌素可湿性粉剂1000倍液（炭疽病、房枯病等），2%宁南霉素水剂400倍液（白粉病等），2%春雷霉素水剂500倍液（炭疽病、白粉病、黑痘病）等，在病害发生前选用1种～2种混用预防。

B.1.1.3　植物源杀菌剂

2.1%丁子·香芹酚水剂500-600倍液（灰霉病、霜霉病等），0.3%丁子香酚可溶液剂800倍（灰霉病、霜霉病等），2%几丁聚糖水剂500倍液（黑痘病、白腐病），0.4%低聚糖素水剂250倍～400倍液（黑痘病、白腐病等），2%氨基寡糖素水剂1000倍液（灰霉病、炭疽病等），2%蛇床子素乳油500倍液（白粉病等）等，选用1种～2种均匀周到喷雾。

B.1.2　矿物源和化学药剂防治

B.1.2.1　葡萄炭疽病

B.1.2.1.1　发芽前树体地面喷一次5波美度石硫合剂，或45%晶体石硫合剂30倍，彻底消灭越冬病源。
B.1.2.1.2　生长期选用86.2%氧化亚铜（铜大师）水粉散粒剂1500倍液、或石灰半量式240倍液的波尔多液等矿物源农药；或80%代森锰锌可湿性粉剂700倍液、或20%噻菌铜悬乳剂400倍液等防治。
B.1.2.1.3　果穗套袋前，选用75%肟菌·戊唑醇水分散粒剂3000倍液、60%吡唑·代森联水分散粒剂1200倍液、430克/升戊唑醇悬浮剂2000倍液，25%咪鲜胺乳油1000倍液，25%吡唑醚菌酯乳油1500～2000倍液和25%抑霉唑水乳剂1000倍液等1～2种，于果穗套袋前一周和晴好天气前一天，共两次，均匀周到喷雾果穗为主。

B.1.2.2　葡萄白腐病

B.1.2.2.1发芽前喷5波美石硫合剂，或45%晶体石硫合剂30倍，重点喷树体和地面。
B.1.2.2.2生长期选用10%苯醚甲环唑水分散粒剂1500倍液、40%氟硅唑乳油6000倍液，250克/升戊唑醇水乳剂1500倍液、12.5%烯唑醇可湿性粉剂3500～4000倍液，42%代森锰锌悬浮剂800倍液、68.7%恶唑菌酮水分散粒剂1000倍液，或25%嘧菌酯悬浮剂1500倍液等，选择1种均匀喷雾。

B.1.2.3　葡萄白粉病

B.1.2.3.1　在葡萄芽膨大而未发芽前选用3波美度～5波美度石硫合剂，或45%晶体石硫合剂30倍液，彻底消灭越冬病原。

B.1.2.3.2 葡萄发芽后，可选用 0.2 波美度～0.3 波美度石硫合剂，或 50%硫磺悬浮液 300 倍～400 倍液等矿物源农药。

B.1.2.3.3 生长期或发病初期选用 25%醚菌酯悬浮剂 2000 倍液，25%嘧菌酯悬浮剂 2000 倍液，24%嘧菌·已唑醇悬浮剂 3000 倍液，40%氟硅唑乳油 5000 倍液，25%乙嘧酚悬浮剂 1000 倍液，30%氟环唑悬浮剂 2000 倍液等 1 种药剂喷雾。

B.1.2.4 葡萄灰霉病

选用 50%嘧菌环胺水分散粒剂 2000 倍液，50%啶酰菌胺水分散粒剂 1200 倍液，40%嘧霉胺悬浮剂 1000 倍液，50%腐霉利可湿性粉剂 1500 倍液，25%异菌脲悬浮剂 500 倍液等 1 种药剂喷雾。

B.1.2.5 葡萄穗轴枯病

B.1.2.5.1 发芽前喷 3 波美度～5 波美度石硫合剂或 45%晶体石硫合剂 30 倍液。

B.1.2.5.2 生长期结合防治其它病害喷药。花前花后各喷 86.2%氧化亚铜（铜大师）水分散粒剂 1500 倍液，70%甲基托布津可湿性粉剂 800 倍液，80%代森锰锌可湿性粉剂 800 倍液，75%肟菌·戊唑醇水分散粒剂 3000 倍液，60%吡唑·代森联水分散粒剂 1200 倍液和 430 克/升戊唑醇悬浮剂 2000 倍液等 1 种。可结合防治炭疽病和白腐病增加喷洒菌剂。

B.1.2.6 葡萄霜霉病

B.1.2.6.1 萌芽前全园喷布波美 3 波美度～5 波美度度石硫合剂，或 45%晶体石硫合剂 30 倍液进行病菌铲除。

B.1.2.6.2 果穗套袋后交替使用 1：0.7：200 波尔多液、35%碱式硫酸铜悬浮剂 400 倍液等，每隔 10d～15d 喷布一次，进行叶面保护，预防病害发生。

B.1.2.6.3 发病初期，选择有内吸治疗作用的杀菌剂。42%代森锰锌悬浮剂 800 倍液，40%烯酰·嘧菌酯悬浮剂 3000 倍液，69%的烯酰·锰锌 600 倍液，或 65%代森锌 500 倍液，80%烯酰·霜脲氰水分散粒剂 5000 倍液，58%瑞毒霉·锰锌 600 倍液，80%烯酰吗啉水分散粒剂 6000 倍液，72%霜脲氰·锰锌 600 倍液等；上药述药剂可与 25%吡唑醚菌酯乳油 2000 倍液，50%克菌丹可湿粉剂 5000 倍液，68.7%恶唑菌酮水分散粒剂 1000 倍液，25%嘧菌酯悬浮剂 2000 倍液，23.4%双炔酰菌胺悬浮剂 1500 倍～2000 倍液等各选 1 种混用，增强疗效。

B.1.2.7 葡萄黑痘病

B.1.2.7.1 发芽前喷 1 次 5 波美度石硫合剂，或 45%晶体石硫合剂 30 倍液等。

B.1.2.7.2 生长期选用 65%代森锌可湿性粉剂 500 倍～600 倍液，5%亚胺唑（霉能灵）可湿性粉剂 800 倍液，或 40%氟硅唑乳油 6000 倍到 8000 倍液，12.5%烯唑醇可湿性粉剂 2000 倍～3000 倍液，10%苯醚甲环唑水分散粒剂 1500 倍液等，选用 1 种～2 种药剂喷雾。

B.1.2.8 葡萄褐斑病

B.1.2.8.1 早春芽膨大而未发芽前，喷 3 波美度～5 波美度石硫合剂，或 45%晶体石硫合剂 30 倍液等。

B.1.2.8.2 生长期选用 65%代森锌可湿性粉剂 500 倍～600 倍液，25%嘧菌酯悬浮剂 2000 倍液，5%已唑醇悬浮剂 1500 倍～2000 倍液等选用 1 种喷雾。

B.2 葡萄虫害的防治

B.2.1 葡萄透翅蛾

B.2.1.1 在成虫产卵和初孵幼虫为害嫩梢期，每7d~10d喷1次药，连喷3次，用药时间在傍晚。

B.2.1.2 生物药剂防治：选用2.5%多杀菌素悬浮剂1000倍液，0.5%苦碱·内酯水剂600倍液，100亿活芽孢/g苏云金杆菌可湿性粉剂1000倍~1500倍液等1种喷雾。

B.2.1.3 低毒化学药剂防治：20%氯虫苯甲酰胺悬浮剂3000倍液，15%茚虫威悬浮剂3500倍~5000倍液，25%灭幼脲Ⅲ悬浮剂2000倍液，20%除虫脲悬浮剂3000倍2.5%高效氯氰菊酯微乳剂1000倍液等选1种~2种喷雾。

B.2.1.4 5月~7月用脱脂棉蘸50%敌敌畏乳油200倍液，或90%晶体敌百虫500倍液等塞入枝干蛀孔，杀死幼虫。

B.2.2 葡萄根瘤蚜

B.2.2.1 加强检疫。葡萄根瘤蚜唯一传播途径是苗木，在检疫苗木时要特别注意根系所带泥土有无蚜卵、若虫和成虫，一旦发现，立即进行药剂处理。其方法是：将苗木和枝条用50%辛硫磷1500倍液或80%敌敌畏乳剂1000倍~1500倍液等浸泡1min~2min，取出阴干，严重者可立即就地销毁。

B.2.2.2 土壤处理。用50%辛硫磷500g拌入50kg细土，每亩用药土25kg，于下午3时~4时施药，随即翻入土内。

B.2.3 葡萄螨类

B.2.3.1 春季葡萄发芽时，用3波美度石硫合剂混加0.3%洗衣粉进行喷雾。

B.2.3.2 葡萄生长季节，喷0.2波美度~0.3波美度石硫合剂，2.5%浏阳霉素悬乳剂1000倍~1500倍液，1%苦参·印楝素悬浮剂1000倍液等，选用1种进行喷雾防治。

B.2.4 葡萄蓟马、粉蚧、蚜虫

B.2.4.1 生物药剂防治：1%印楝素水剂800倍，10%烟碱乳油1000倍液，5%除虫菊素乳油1500倍液、0.3%苦参碱水剂800倍~1000倍液，2.5%鱼藤精800倍液，5%甲氨基阿维菌素水分散粒剂1000倍液，60克/升乙基多杀菌素悬浮剂1500倍~2000倍液等，选用1种喷雾防治。

B.2.4.2 低毒化学药剂防治：10%烯啶胺水剂2000倍液，25%噻虫嗪水分散粒剂1000倍~1500倍液，25%吡蚜酮悬浮剂2000倍~2500倍液，5%啶虫脒乳剂1500倍~2000倍液，90%晶体敌百虫可溶性粉剂1000倍液等，选用1种进行喷雾。

B.2.4.3 也可分别选用生物药剂与化学药剂各一种可减半用药量，混用并注意交替使用。

B.2.5 葡萄金龟子

B.2.5.1 生物农药防治：0.5%印楝素可溶液剂300倍~400倍液，1%苦参·印楝素乳油500倍液，2%阿维菌素微乳剂1500倍液等选1种喷雾。

B.2.5.2 低毒化学农药防治：200克/升氯虫苯甲酰胺悬浮剂3000倍液，10%高效氯氟氰菊酯水乳剂1000倍液，90%晶体敌百虫800倍液等选1种喷雾。

B.2.5.3 上述生物药剂和化学药剂两种合理混用，并交替防治。

B.2.6 叶蝉、盲蝽

B.2.6.1 生物药剂防治：可选用60克/升乙基多杀菌素悬浮剂1500倍~2000倍液，1%苦皮藤素水乳剂1000倍液，2.5%多杀霉素悬浮剂1500倍液、25%灭幼脲3号水悬浮剂2000倍液等选1种喷雾。

B.2.6.2 低毒化学药剂防治：50%氟啶虫胺腈水分散粒剂4000倍~6000倍液，10%吡虫啉可湿性粉剂2000倍液、25%噻虫嗪水分散粒剂1000倍~1500倍液、3%啶虫脒乳油2000倍液等选1种喷雾。。

B.2.6.3 生物药剂与化学药剂可减半用药量混用。

B.2.7　蛴螬、蝼蛄等地下害虫

B.2.7.1　在 5 月～6 月幼虫高发期，按 50%辛硫磷乳油或 80%敌敌畏乳油、水、炒香的菜饼 1:3:30 的比例，拌制毒饵，傍晚时撒放植株行间进行诱杀。

B.2.7.2　结合园松土、整地，每 666.7m² 选用 20 亿个活孢子/克白僵菌粉剂 1500g 拌细土 15kg～20kg、或 1%苦参碱拌细土 5kg～10kg、或 5%辛硫磷颗粒剂 50kg～70kg 撒施于树冠地面，然后翻入土中。

附　录　C
（资金料性附录）
鲜食葡萄病虫害安全防控药剂选择和使用方案（参考）

鲜食葡萄绿色安全防控药剂选择使用方案见表C.1。

表C.1

时　期	药剂选择方案	备　注
休眠期	结合清园,对树体地面全面喷一次5波美度石硫合剂或30倍45%晶体石硫合剂。 上一年白腐病、炭疽病等严重的果园,再加用一次50%福美双可湿性粉剂600倍液,或70%甲基硫菌灵可湿性粉剂600倍液等。	1、发芽前,清理果园后,,选择保护性药剂防病。 2、喷洒均匀周到：枝蔓、架、田间杂物(桩、杂草等)都要喷洒药剂。
萌芽至吐绿前	1、芽开始膨大时喷一次2波美度石硫合剂或45%晶体石硫合剂30倍液,重点喷结果母枝。 2、雨水多,发芽前枝蔓湿润时间长时,使用波尔多液1：1：200,或80%波尔多液(必备)400倍液,或28%波尔多液悬浮剂150倍液。 3、禁用五氯酚钠。	3、施用石硫合剂后必须间隔10d以后施用波尔多液。
新梢展叶～开花前	1、发病前预防剂 　选用1000亿CFU/g枯草芽孢杆菌可湿性粉剂1000倍、2%嘧啶核苷类抗菌素400倍液;3%多抗霉素水剂800倍等生物药剂;或者选用80%代森锰锌(大生)可湿性粉剂600~800倍液,68.75%恶酮　锰锌水分散粒剂(易保)800-1200倍液等低毒化学药剂,1种~2种,交替使用1次~2次。 2、在花序分离期(花前15天)和花前2天 　选用0.3%丁子香酚可溶液剂800倍、2%春雷霉素水剂500倍液、10万活孢子/g寡雄腐霉菌4000倍~6000倍液、2亿活孢子/g哈茨木霉菌可湿性粉剂600倍液、2%武夷菌素水剂200倍液等1种~2种。 　雨水多或田间湿度大时,选用50%嘧菌环胺水分散粒剂2000倍液、50%啶酰菌胺水分选用散粒剂1200倍液、40%嘧霉胺悬浮剂1000倍液、60%吡唑·代森联水分散粒剂1200倍液等低毒化学药剂1种~2种。 3、绿盲蝽等发生时(一般2~3叶期)。 　结合防病选用60克/升乙基多杀菌素悬浮剂1500倍~2000倍液、1%苦皮藤素水乳剂1000倍液、2.5%多杀霉素悬浮剂1500倍液等生物杀虫剂1种;或者与2.5%联苯菊酯1500倍液,10%吡虫啉2000倍液,25%吡蚜酮可湿性粉剂2000倍液等低毒化学杀虫剂1种混用。 5、花期不使用农药。遇到连续阴雨或雨水多等特殊情况,避开盛花期,及时补施药剂,选择晴天下午用药。	1、对长势特别旺,花后生理落果严重的果园,在花序长7cm~10cm时施用一次40%氟硅唑乳油4000倍液、或12.5%烯唑醇可湿性粉剂2000-3000倍液等。 2、开花前是多种病虫害发生的重要防治点,且花期是最为脆弱的时期。药剂的使用,以防治花序、花梗、花的病虫害为重点。 3、病害防治在下雨前进行。
落花后至幼果膨大期	1、发病前预防 　选用3%中生菌素可湿性粉剂500倍液、0.4%低聚糖素水剂250倍~400倍液、2.1%丁子·香芹酚水剂500倍~600倍液、4%嘧啶核苷类抗生素水剂400倍液1种~2种生物药剂防治。或者选用50%甲霜·锰锌1500倍、68.75%恶酮·锰锌水分散粒剂(易保)1000倍~1500倍液等低毒化学药剂1种喷雾。 2、有黑痘病、霜霉病等发生初期 　选用3%中生菌素可湿性粉剂500倍,或2%几丁聚糖水剂500倍,2%春	1、花后,是黑痘病、炭疽病、白腐病等防治重点;对于多雨或湿度大的地块,霜霉病、灰霉病也是防治重点;干旱年份,白粉病、红蜘蛛也是防治重点;有透翅蛾的葡萄园,谢花后注意防治。

落花后至幼果膨大期	雷霉素水剂 500 倍液等 1 种；与 40%氟硅唑乳油（福星）6000 倍液，72%霜脲氰（克露）600 倍～700 倍液，25%吡唑醚菌酯乳油 2000 倍，20%苯醚甲环唑 1500 倍液等各 1 种混用防治。 3、套袋前当天或晴好天前一天 　　选用 4%嘧啶核苷类抗生素水剂 400 倍，2%蛇床子素乳油 500 倍，1%中生霉素水剂 500 倍液等生物药剂 1 种；并与 30%苯醚甲环唑. 丙环唑 2000 倍液，80%戊唑醇水分散粒剂 3000 倍液，25%醚菌酯悬浮剂 2000 倍，75%肟菌·戊唑醇水分散粒剂 3000 倍液，30%硅唑·咪鲜胺水乳剂 1500 倍液等低毒化学药剂 1 种混用防治。浸果穗或喷透果穗，药液干后及时套袋。 4、持续阴雨水天多，霜霉病发生严重 　　选用 52.5%噁酮·霜脲氰水分散粒剂（抑快净）1500 倍液，或 25%嘧菌酯悬浮剂 2000 倍，或 23.4%双炔酰菌胺悬浮剂 1500 倍～2000 倍等，7d～10d 一次，连续使用 2 次。 5、有虫害发生时 　　结合防病选用 1%印楝素水剂 800 倍、5%除虫菊素乳油 1500 倍液、60g/L乙基多杀菌素悬浮剂 1500 倍～2000 倍液、10%烯啶虫胺水剂 2000 倍、25%噻虫嗪水分散粒剂 1000 倍～1500 倍液、80%晶体敌百虫 1000 倍液、80%敌敌畏乳油 1500 倍～2000 倍液等 1～2 种杀虫剂喷雾。 6、增施钙肥能有效预防缩果病、裂果病的发生，并能提高果实硬度和贮运性。 7、禁用比久(B9)，限量使用吡效隆等植物生长调节剂。 8、地面喷施 3 波美度～5 波美度石硫合剂可减少白腐病等病菌。	2、药剂的选择必须与田间需要控制的病虫害相对应，保护剂+治疗剂并用，清除果穗上的病菌及降低田间的菌势。
浆果硬核至完熟期	1、预防病害 　　以铜制剂为主，如 28%波尔多液悬浮剂 150 倍液，1：1：200 倍波尔多液，80%波尔多液（必备）800 倍液，30%氧氯化铜悬浮剂（王铜）800 倍液等 1 种喷雾。 2、发病初期 　　选用生物药剂：如 1000 亿活孢子/g 枯草芽孢杆菌可湿性粉剂 1000 倍液、0.3%丁子香酚可溶液剂 800 倍、4%嘧啶核苷类抗生素水剂 400 倍、2%武夷菌素水剂 200 倍液等 1～2 种喷雾。发病重时，加用化学药剂：1.8%辛菌胺醋酸盐水剂 600 倍液、52.5%噁酮·霜脲氰水分散粒剂（抑快净）2500 倍液、80%代森锰锌可湿性粉剂（喷克）800 倍液、22.5%啶氧菌酯悬浮剂 1500 倍液、250 克/升嘧菌酯悬浮剂 2000 倍液等各 1 种混用喷雾。 3、有虫害发生时 　　选用 5%除虫菊素乳油 1500 倍液、0.3%苦参碱水剂 800 倍～1000 倍液、2.5%鱼藤精 800 倍液、1%苦皮藤素乳剂 1000 倍液、25%灭幼脲 3 号悬浮剂 2000 倍液、25 克/升高效氟氯氰菊酯乳油 2000 倍～3000 倍液、2.5%联苯菊酯 1500 倍液等 1 种～2 种低毒药剂喷雾。 4、正常年份 10d～15d 喷一次药，病情发生重时或雨水多时 7d～10d 一次药。 5、注意农药安全间隔期，果实采收前 15d 停止用药。	1、雨季来临前，针对霜霉病采用保护剂+治疗剂，彻底杀灭霜霉病菌。 2、转色后，在波尔多液等保护剂 1 次后，选用治疗剂 1-2 次。 3、果穗没有套袋或病重田，加炭疽病、灰霉病、白腐病等，注意选择对症药剂防治。
	1、发病前预防 　　选用 1：200 倍波尔多液，或 68%精甲霜灵·锰锌水分散粒剂 500 倍液等预防。或者选用 0.3%丁子香酚可溶液剂 800 倍，2%几丁聚糖水剂 500 倍，	1、葡萄采收后，保证大部分叶片健康，保持树体正常的生长。

新梢成熟 至落叶期	2%春雷霉素水剂 500 倍，4%嘧啶核苷类抗生素水剂 400 倍液等生物药剂 1 种～2 种喷雾。 2、霜霉病发生时 　　使用 80%波尔多液（必备）600 倍，或 80%霜脲氰 2500 倍液，或 40% 烯酰·嘧菌酯悬浮剂 3000 倍液等。隔 7d～10d 连喷 2 次。 3、果实采收后 　　彻底清除园内落叶、落果，剪除病虫枝，集中园外烧毁，减少病虫来 源。	2、葡萄采收后继续重视防 治病虫害的危害，减少第二 年的病虫害发生基数，降低 防治成本、减少防治压力。

ICS 65.020.20
B 31

DB3211

镇 江 市 地 方 标 准

DB3211/T 177—2014

葡萄生产过程质量安全管理规范

Standardized grape production process quality and safety management

2014–12–31 发布　　　　　　　　　　2015–02–01 实施

江苏省镇江质量技术监督局 发 布

DB 3211/T 177—2014

前 言

保障人民群众吃上安全放心的葡萄，是政府履行监管职责、维护最广大人民群众根本利益的基本要求。随着广大人民群众对农产品质量安全的关注度日益提升、各级政府日益重视，加强葡萄生产过程质量控制管理，显得尤为重要。因此，为规范葡萄质量安全生产过程，特制定本规程控制管理规范。

本标准的编写按 GB/T 1.1—2009《标准化工作导则　第 1 部分：标准的结构和编写》的规定编写。

本标准由句容市农业委员会提出。

本标准由句容市农产品质量检测站起草。

本标准主要起草人：刘勇、惠瑾、张波静、刘超、王玮、董科、黄敏、黄海溶。

葡萄生产过程质量安全管理规范

1 范围

本标准规定了葡萄生产过程质量安全管理的组织管理、产地管理、投入品管理、生产记录、产地准出、包装标识、产品质量追溯。

本标准适用于镇江市葡萄生产基地。

2 规范性引用文件

下列文件对于本标准的应用是必不可少的。凡是注日期的引用文件，仅注日期的版本适用于本文件。凡是不注日期的引用文件，其最新版本（包括所有的修改单）适用于本文件。

GB 2762　食品安全国家标准　食品中污染物限量

GB 2763　食品安全国家标准　食品中农药最大残留限量

GB/T 5009.199　蔬菜中有机磷和氨基甲酸酯类农药残留量的快速检测

NY/T 391　绿色食品　产地环境质量

NY/T 393　绿色食品　农药使用准则

NY/T 761　蔬菜和水果中的有机磷、有机氯、拟除虫菊酯和氨基甲酸酯类农药多残留的测定

NY/T 1778　新鲜水果包装标识　通则

NY 5087　无公害食品　鲜食葡萄产地环境条件

NY/T 5088　无公害食品　鲜食葡萄生产技术规程

DB32/T 468　鲜食葡萄生产技术规程

DB32/T 2369　食用农产品质量安全追溯管理规范　种植业

3 组织管理

3.1 主体资格

生产主体应有营业执照、组织机构代码证等法定主体资格。

3.2 管理制度

生产主体应建立相应管理制度，包括岗位责任制、投入品管理制度、田间管理制度、产品质量管理制度、培训制度等。

3.3 管理人员

有质量管理员、生产技术员、内检员等具备相应资质的管理人员，管理人员应掌握产地环境、生产技术规程、产品质量标准。

3.4 质量承诺

质量安全承诺应包括投入品使用、员工的培训、产品自检、包装印刷等内容，并以书面方式承诺。

4 产地管理

4.1 产地规划

做好产地规划，产地周围 3km 以内无污染企业、远离交通主干道 100m 以上，产地符合 NY 5087 或 NY／T 391 的规定。

4.2 污染源处理

产地内生活源垃圾应进行无害化处理，生产过程中产生的农业污染、农资废弃物应集中处理。

4.3 环境监测

对产地内的土壤、水按相应规定，监测重金属等有害物质残留。

5 投入品管理

5.1 投入品使用

按 NY/T 393、NY/T 5088、DB32/T 468 规定，合理使用农业投入品，严格执行农业投入品使用安全间隔期的规定，禁止超范围、超剂量使用常规农业投入品。

5.2 禁用投入品

生产过程中严格执行国家明令禁止使用的农业投入品，详见农业部第 194、第 199、第 274、第 1586 号公告，及 NY/T 5088 附录 A。

5.3 管理制度

建立合格投入品的使用管理制度，实行统购与统供，落实专人登记与管理，做好进出库记录。实行登记备案管理，制定农药、肥料等投入品的安全使用技术规程与明白纸。

6 生产记录

6.1 记录范围

将产地内的产品分区域、分品种，分别建立规范的生产档案，并落实专人负责，保证其记录的及时性、真实性与可追溯性。

6.2 记录内容

包括使用农业投入品的名称、来源、用法、用量和使用、停用日期，病虫草害发生和防治情况，产品收获、检测日期等。

6.3 记录格式

在生产过程中，参照相关规范要求记录。

6.4 保存时间

对生产全过程进行记录，生产档案保存三年。

7 产地准出

7.1 原则

按照"生产有记录、质量有检测、包装有标识、产地有证明"的要求，实行产地准出制度，实现质量安全可追溯。

7.2 产品检测室

根据自身的发展，统筹规划，合理布局，建立产品质量检测室，速测室面积不少于 15㎡，定量检测室面积不少于 80㎡。

7.3 检测方法

产品自检或委托检测，检测方法参照 GB/T 5009.199 或 NY/T 761，判定标准参照 GB/T 5009.199 或 GB 2762、GB 2763。

7.4 产地证明

未获得"三品一标"认证的农产品，由乡镇农产品质量监管机构根据生产单位自检证明，或镇级以上检测机构的产品抽检证明，核发产地证明；已获得"三品一标"认证，可凭有效证书复印件出基地。

8 包装标识

8.1 包装

应按照规定划分等级，包装或者附加标识后销售，包装标识有进出库记录。

8.2 标识

参照 NY/T 1778，不得标注产品的医疗功效，夸大产品功效。

8.3 质量标识

规范印刷标识或使用防伪标贴加贴于包装物上。

9 质量追溯

参照 DB32/T 2369 执行。

ICS65.020.20
B31

DB3211

镇 江 市 地 方 标 准

DB3211/T 188—2016

葡萄质量安全现场检查规范

Grape quality and safety inspection standard

2016-06-24发布 　　　　　　　　　　 2016-06-24实施

镇江市质量技术监督局发布

DB3211/T 188—2016

前　言

为提升监管人员工作水平，按标准进行现场检查，特制定本规范。

本标准的编写按 GB/T 1.1－2009《标准化工作导则　第 1 部分：标准的结构和编写》的规定编写。

本标准由句容市农业委员会提出。

本标准由句容市农产品质量检测站起草。

本标准主要起草人：刘勇、唐山远、刘超、惠瑾、罗月越、董科、黄敏、黄海溶。

葡萄质量安全现场检查技术规范

1 范围

本标准规定了葡萄质量安全现场检查技术规范的组织实施、检查内容、检查结论、报告。

本标准适用于镇江市范围内葡萄质量安全的现场检查。

2 规范性引用文件

以下文件对于本标准的应用是必不可少的。凡是注日期的引用文件，仅注日期的版本适用于本文件，其最新版本（包括所有的修改单）适用于本文件。

NY/T 1778　新鲜水果包装标识　通则

DB3211/T 177　葡萄生产过程质量安全管理规范

《农产品包装管理办法》

3 组织和实施

3.1 组织

县（市）级农产品质量安全工作机构负责现场检查的统筹规划和管理，乡（镇）级农产品质量安全工作机构负责组建现场检查组。现场检查组应随机抽取两名以上有农产品质量安全监管员资质的人员参加。

3.2 实施

现场检查组负责现场检查的具体工作，现场检查宜在葡萄生长期间实施，采取查阅资料、座谈提问、实地检查、产品（地）质量抽检等形式进行。

3.3 保密原则

检查组应遵循公正、客观、规范的原则，并严格按照有关农产品质量安全法律法规实施现场检查，对于检查组在检查中可能涉及到的葡萄生产单位的产品、技术等非公开信息，在未得到法律许可或葡萄生产单位同意的情况下不向第三方透漏。

4 检查内容

4.1 管理制度

4.1.1　检查员应检查生产单位是否签订质量安全承诺书，其内容参照 DB3211/T 177 中 3.4 部分。

4.1.2　检查员应查看生产单位的管理制度的建立与落实情况。

4.2 产地环境

4.2.1 查看生产单位周边可能构成污染的风险因素或潜在危害的污染源。

4.2.2 如存在风险因素或质量安全隐患，检查员应现场对基地内的土壤、灌溉水进行抽样，委托有资质的检测单位进行污染物指标的检测。

4.3 投入品管理与控制

检查员通过现场查看、记录查阅、网络查询等方式，检查以下方面：

a) 投入品及其器械是否有专用场所存放，有无过期投入品，有无购货凭证、出入库记录，农药产品标签上是否有农药登记证、生产许可证和执行标准；

b) 生产过程中是否使用相关禁限用投入品（见附录A），常规农药的使用是否符合安全间隔期要求；

c) 是否使用未经无害化处理的原料做肥料使用；

d) 农资废弃物是否进行收集和无害化处理；

e) 如存在风险因素或质量安全隐患，检查员应现场对基地内即将收获的产品进行抽样，委托有资质的检测单位进行污染物指标的检测。

4.4 生产档案

4.4.1 生产档案主要包括，生产主体相关资质、质量管理制度、产品（地）质量标准、生产技术规程、培训记录、生产记录、产品自检记录、质量标识使用记录等，其生产记录至少保存两年。

4.4.2 检查员应通过现场查看、座谈提问、抽查农户等形式，检查生产记录的真实性，重点检查如下内容：

a) 农业投入品购买记录，是否记录买日期、产品名称、农药登记号、数量、经营单位等信息。

b) 田间农事操作记录，是否记录日期、地块、内容，用药（肥）名称、用量等信息。

d) 产品收获与检测记录，是否记录收获日期与数量，检测方法与结果等信息。

e) 产品销售记录，是否记录日期、数量、对象等信息。

4.5 生产标准执行

检查员检查生产主体管理人员了解操作规程情况，及操作人员了解生产过程关键控制点。

4.6 产品质量安全检测

检查葡萄产品的自检或委托检测情况，及相关检测记录。

4.7 产品包装与标识

检查葡萄包装与标识的内容标注是否规范，应符合《农产品包装管理办法》与NY/T1778的规定。

5 检查结论

检查员对照检查内容，现场逐项填写《农产品质量安全现场检查表》（附录B），进行相关事实描述，作出综合检查意见，并经生产单位确认。

6 报告

检查员在完成现场检查，作出检查意见后，在20个工作日内，将《农产品质量安全现场检查表》报县（市）级农产品质量安全管理工作机构备案。

附 录 A
（规范性附录）
葡萄生产禁限用农药目录

　　甲胺磷、对硫磷、久效磷、六六六、滴滴涕、毒杀芬、苯线磷、杀虫脒、除草醚、艾氏剂、狄氏剂、敌枯双、汞制剂、硫线磷、毒鼠强、毒鼠硅、治螟磷、绳毒磷、磷化钙、磷化镁、磷化锌、砷类、铅类、甘氟、磷胺、氟乙酰胺、地虫硫磷、甲基硫环磷、二溴乙烷、二溴氯丙烷、氟乙酸钠、甲基对硫磷、特丁硫磷、甲拌磷、甲基异柳磷、内吸磷、克百威、涕灭威、灭线磷、硫环磷、氯唑磷、氟虫腈、氯磺隆、胺苯磺隆（单剂）、甲磺隆（单剂）、福美胂、福美甲胂。

DB3211/T 188—2016

附 录 B
（规范性附录）
葡萄质量安全现场检查表

单位名称：   质量认证类别：

检查内容		检查情况
1、农产品质量 安全管理制度	质量安全承诺书签订情况	
	质量安全管理制度建立情况	
2、生产基地环 境质量状况	产地周边是否有构成污染的风险因素	
	产地周边是否有潜在的污染源	
3、投入品管理 控制措施	农业投入品及器械有无存放场所	
	场所内有无过期投入品	
	有无投入品购货凭证与出入库记录	
	农药产品标签情况	
	是否使用禁限用的投入品	
	常规农药使用是否符合间隔期要求	
	是否使用未经无害化处理的原料作肥料	
4、生产档案	生产档案建立情况	
	农业投入品购买记录情况	
	田间农事操作记录情况	
	产品收获与检测记录情况	
	产品销售记录情况	
5、生产标准执行情况	生产操作规程及过程关键控制点情况	
6、产品质量安全检测	产品自检或委托检测情况	
	检测记录	
7、产品包装与标识	产品包装内容	
	产品标识内容	
8、检查意见：		

检查单位（盖章）：   检查员（签字）：

※此表一式三份，一份检查单位留存，一份生产单位留存，一份县（市）级农产品质量安全工作机构留存

生产单位责任人：（签字）   年   月   日

ICS 67.080.10
B 31

DB3211

镇 江 市 地 方 标 准

DB3211/T 1001—2019

地理标志产品 丁庄葡萄

Product of geographical indication—Dingzhuang Grapes

2019-8-23 发布 2019-9-1 实施

镇江市市场监督管理局 发布

目　　次

前　言

本标准按 GB/T 1.1-2009《标准化工作导则　第 1 部分：标准的结构和编写》的规定进行编写。

本标准由句容市丁庄万亩葡萄专业合作联社提出。

本标准由句容市市场监督管理局归口管理。

本标准由句容市丁庄万亩葡萄专业合作联社、句容市市场监督管理局、江苏丘陵地区镇江农业科学研究所起草。

本标准主要起草人：芮东明、张锐方、方静、方应明、刘吉祥、侯伟、钱莉。

地理标志产品 丁庄葡萄

1 范围

本标准规定了地理标志产品丁庄葡萄的术语和定义、产地范围、要求、试验方法、检验规则、标志、包装、运输、贮存。

本标准适用于地理标志产品丁庄葡萄。

2 规范性引用文件

下列文件对于本标准的应用是必不可少的。凡是注日期的引用文件,仅注日期的版本适用于本文件。凡是不注日期的引用文件,其最新版本(包括所有的修改单)适用于本文件。

GB 2762 食品安全国家标准 食品中污染物限量

GB 2763 食品安全国家标准 食品中农药最大残留限量

GB/T 8855 新鲜水果和蔬菜的取样方法

GB/T 12456 食品中总酸的测定

NY/T 469 葡萄苗木

NY/T 1778 新鲜水果包装标识 通则

NY/T 2637 水果和蔬菜可溶性固形物含量的测定 折射仪法

NY 5087 无公害食品 鲜食葡萄产地环境条件

DB3211/T 174 鲜食葡萄病虫害综合防治技术规程

JJF 1070 定量包装商品净含量计量检验规则

国家质量监督检验检疫总局令[2005]第 75 号 定量包装商品计量监督管理办法

3 术语和定义

下列术语和定义适用于本标准。

3.1

丁庄葡萄 Dingzhuang grapes

在规定的保护范围内生产,以本标准规定的栽培技术进行管理,果品质量指标符合本标准要求的葡萄。

4 产地范围

产地范围见附录 A。

5 要求

5.1 环境

丁庄葡萄产区位于苏南丘陵地区句容市茅山境内,气候属亚热带季风气候,年平均气温 16.1℃,年平均日照时数 2018.47 小时,太阳平均年辐射总量 116.1 千卡/平方厘米。土壤类型为黄棕壤土,土壤质地为中壤土类,土壤 pH 值 6.5～7.5,地下水位低于 0.8 米。产地环境质量符合 NY 5087 的规定。

5.2 栽培技术

5.2.1 品种

巨峰、夏黑、阳光玫瑰、金手指。

5.2.2 苗木培育

采用嫁接苗或扦插苗，嫁接苗的嫁接砧木宜选用5BB、S04、3309、贝达等。苗木质量应符合NY/T 469规定要求。

5.2.3 栽培方式

采用露地、避雨和促成栽培，选用水平棚架。

5.2.4 整形

"X"型整形，株距为3m～8m、行距5m～8m；"H"型整形，株距为4m～8m、行距4.4m～6m；"一"字型整形，株距为4m～8m、行距2.8m～3m；"Y"型整形，株距为4m～8m、行距2.8m～3m；定植密度为每亩为8株～60株。

5.2.5 花果管理

采用花穗整理、疏穗疏粒，全园套袋，产量为每亩1000kg～1500kg。

5.2.6 调节剂处理

夏黑植物生长调节剂处理方法：第1次处理，在新梢展叶7叶～9叶时，花穗浸12.5ppm赤霉酸溶液；第2次处理，在盛花期花穗浸40ppm赤霉酸溶液；第3次处理，在第2次处理后10天～14天花穗浸40ppm赤霉酸加5ppm氯吡脲溶液。阳光玫瑰植物生长调节剂处理方法：第1次处理，在花穗100%开花时，花穗浸25ppm赤霉酸加5ppm氯吡脲溶液；第2次处理，在第1次处理后10天～14天果穗浸25ppm赤霉酸溶液。

5.2.7 施肥

基肥秋施，以腐熟的有机肥为主，混加复合肥、过磷酸钙；果实膨大期以氮肥为主，磷、钾肥配合；果实着色期，以磷、钾肥为主。每年每亩施用充分发酵有机肥1000kg～2000kg。

5.3.8 灌排水

在萌芽期、幼果膨大期，采用浇灌、小灌促流、滴灌方式满足植株需水，果实成熟期应控制灌溉。当土壤湿度达到饱和田间持水量时要及时排水。

5.2.9 病虫害防治

按DB3211/T 174规定执行。

5.2.10 采收

当浆果已充分发育成熟，按不同葡萄品种质量标准有关规定采收。巨峰葡萄采收期宜为7月中旬至9月下旬；夏黑葡萄采收期宜为6月下旬至8月下旬；阳光玫瑰葡萄采收期宜为7月下旬至10月上旬；金手指葡萄采收期宜为7月中旬至9月上旬。

5.3 感官指标

感官指标应符合表1规定。

表1　感官指标

品　种	指　标
巨峰	穗粒整齐均匀，果粒椭圆形，紫色，皮易剥，肉厚汁多，甜而微酸。
夏黑	穗粒整齐均匀，果粒圆形，紫黑色，肉质紧脆，甜而微酸。
阳光玫瑰	穗粒整齐均匀，果粒椭圆形，黄绿色，皮薄肉脆，浓香味甜，有玫瑰香味。
金手指	穗粒整齐均匀，果粒形似手指，绿黄色，肉细汁多，甘甜爽口，有冰糖味。

5.4　理化指标

理化指标应符合表2的规定。

表2　理化指标

项　目		巨峰	夏黑	阳光玫瑰	金手指
粒重/ g	≥	10	8	11	6
穗重/ g		350～700	400～800	400～750	300～600
可溶性固形物/（%）	≥	16	16	17	17
总酸/（%）	≤	0.50	0.45	0.35	0.30
异常果/（%）	≤	2	2	2	2
脱粒/（%）	≤	4	4	4	4
霉烂果粒		不得检出			

5.5　安全指标

应符合GB 2762、GB 2763的规定。

5.4　净含量

应符合国家质量监督检验检疫总局令[2005]第75号的规定。

6　试验方法

6.1　感官指标

将样品放于洁净的瓷盘中，在自然光线下用肉眼观察葡萄果穗、果粒的形状、色泽、紧密度、整齐度和霉烂果粒并品尝。

6.2　理化指标

6.2.1　粒重、穗重

粒重采用感量0.1g的天平测定，穗重采用感量1g的天平测定。

6.2.2　可溶性固形物

按NY/T 2637规定执行。

6.2.3　总酸

按GB/T 12456规定执行。

6.2.4 异常果

从试样中选出有异常的果粒称重，按式（1）计算出异常果的百分含量（Y），数值以%表示。

$$Y = \frac{T_1}{T_2} \times 100 \qquad \cdots\cdots\cdots\cdots\cdots\cdots\cdots\cdots\cdots\cdots\cdots \text{（1）}$$

式中：

T_1——异常果的总重量，单位为克（g）；

T_2——试样重量，单位为克（g）。

6.2.5 脱粒

通过计算脱粒的果粒占整件包装果粒重的百分含量。

6.3 安全指标

按 GB 2762、GB 2763 规定执行。

6.4 净含量检验

按 JJF 1070 规定执行。

7 检验规则

7.1 组批

凡同一主体、同一生产技术方式、同一等级、同期采收的葡萄作为一个检验批次。

7.2 取样

随机方法，抽取的样品应具有代表性。取样按 GB/T 8855 执行。

7.3 交收检验

每批产品交收前，生产单位都应进行交收检验。交收检验内容包括感官、净含量、标志及包装，检验合格并附合格证的产品方可交收。

7.4 型式检验

型式检验是对产品进行全面考核，即对本标准规定的全部要求进行检验。有下列情况之一者应进行型式检验。

    a) 因人为或自然条件使生产环境发生较大变化；

    b) 前后两次抽样检验结果差异较大；

    c) 每年进行一次；

    d) 国家质量监督机构或行业主管部门提出型式检验要求。

7.5 判定规则

卫生指标有一项不合格或检出禁用农药，则该批产品为不合格品。按本标准检验，理化指标如有一项检验不合格，允许加倍抽样复检，若仍不合格，则判定该批产品不合格；若复检合格，则判为合格。

8 标志、包装、运输、贮存

8.1 标志

按 NY/T 1778 规定执行。获准使用丁庄葡萄地理标志的产品应标注丁庄葡萄地理标志。

8.2 包装

包装容器应坚实、牢固、干燥、清洁卫生、无异味，对产品应具有充分的保护性能

8.3 运输

葡萄果实采收后宜预冷，包装、恒温运输。运输工具应清洁，不得与有毒、有害物品混运。

8.4 贮存

葡萄的贮存场所应清洁、通风，不得与有毒、有异味的物品一起贮存。贮存应先预冷，贮存温度为-1℃～1℃，湿度为 90%～95%。

附 录 A

（规范性附录）

丁庄葡萄地理标志产品保护范围图

A.1 丁庄葡萄地理标志产品保护范围图

丁庄葡萄地理标志产品保护范围限于国家质量监督检验检疫行政部门批准的范围（国家质检总局2017年第98号公告）。丁庄葡萄地理标志产品保护范围为句容市茅山镇丁庄行政区域。见图A.1。

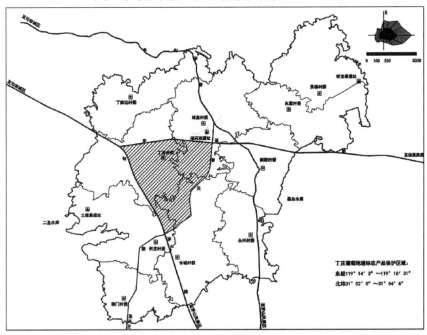

丁庄葡萄地理标志产品保护范围图

图A.1